河南省职业教育品牌示范院校建设项目成果

可编程控制器应用技术

主　编　王冰玉　李小娟
副主编　吕珊珊　邵文庆　沈春艳

黄河水利出版社
·郑　州·

内 容 提 要

本书是河南省职业教育品牌示范院校建设项目成果。全书共分为两篇:基础篇主要介绍可编程控制器(PLC)的组成、工作原理和指令系统,详细讲解 PLC 控制系统的设计方法;提高篇以实验的形式介绍可编程控制器的基本编程内容和操作方法。本书理论联系实际,所选实例涉及面广、具有代表性,是通过实践学习可编程控制器应用开发技术的好帮手。

本书可作为高职高专院校自动化、电气技术、机电一体化及其他相关专业的教材,也可以作为工程技术人员继续教育的参考用书或 PLC 的培训教材。

图书在版编目(CIP)数据

可编程控制器应用技术/王冰玉,李小娟主编. —郑州:黄河水利出版社,2016.6

河南省职业教育品牌示范院校建设项目成果

ISBN 978-7-5509-1414-8

Ⅰ.①可… Ⅱ.①王…②李… Ⅲ.①可编程序控制器-高等职业教育-教材 Ⅳ.①TM571.6

中国版本图书馆 CIP 数据核字(2016)第 088232 号

组稿编辑:陶金志　　电话:0371-66025273　　E-mail:838739632@qq.com

出 版 社:黄河水利出版社

地址:河南省郑州市顺河路黄委会综合楼 14 层　邮政编码:450003

发行单位:黄河水利出版社

发行部电话:0371-66026940、66020550、66028024、66022620(传真)

E-mail:hhslcbs@126.com

承印单位:河南承创印务有限公司

开本:787 mm×1 092 mm　1/16

印张:11.75

字数:286 千字　　印数:1—3 000

版次:2016 年 6 月第 1 版　　印次:2016 年 6 月第 1 次印刷

定价:32.00 元

前　言

可编程控制器(PLC)是一种实践性很强的器件,它要求使用者有较强的编程及操作能力。PLC 的型号不尽相同,指令系统亦有区别,本书主要是针对松下电器公司生产的 FP0 系列及 FP-X 系列产品编写的。

本书共分为两篇:基础篇主要介绍可编程控制器(PLC)的组成、工作原理和指令系统,详细讲解 PLC 控制系统的设计方法;提高篇以实验的形式介绍可编程控制器的基本编程内容和操作方法。本书依据项目式教学模式,采用教、学、做相结合的教学模式,以理论够用、注重应用为原则,通过循序渐进、不断拓宽思路的方法讲述 PLC 应用技术所需的基础知识和基本技能。

本书编写人员及编写分工如下:项目一至项目三由王冰玉编写,项目四至项目五由李小娟编写,项目六由吕珊珊编写,项目七由邵文庆编写,项目八由沈春艳编写。

本书内容新颖,语言通俗易懂,理论联系实际,所选实例涉及面广、具有代表性,是学习可编程控制器应用开发技术的好帮手。本书可作为高职高专院校自动化、电气技术、机电一体化及其他相关专业的教材,也可以作为工程技术人员继续教育的参考用书或 PLC 的培训教材。

由于时间有限,书中难免存在不足之处,希望读者批评指正。

编　者
2016 年 3 月

目　录

基　础　篇

提　高　篇

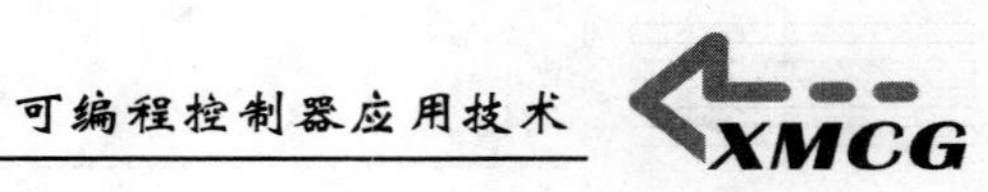
XMCG

基 础 篇

项目一 认识 PLC

在电力拖动自动控制系统中，各种生产器械均由电动机来拖动。不同的生产器械，对电动机的控制要求也是不同的。在可编程控制器出现以前，继电器－接触器控制在工业控制领域占主导地位，这种控制方式能实现对电动机的启动、正反转、调速、制动等运行方式的控制，以满足生产工艺的要求，实现生产过程自动化。

下面以小型三相异步电动机的启停控制为例，说明继电器－接触器装置和可编程控制器装置的控制特点。图 1-1(a)为三相异步电动机启停控制的主电路，图 1-1(b)、(c)分别是电动机全压启动和延时启动的继电器－接触器控制电路图。

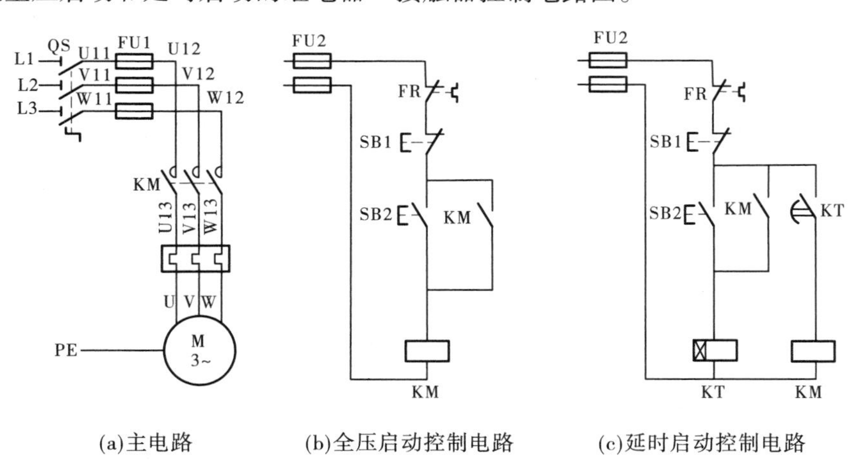

(a)主电路　(b)全压启动控制电路　(c)延时启动控制电路

图 1-1　三相异步电动机继电器－接触器控制电路

在图 1-1(b)中，三相电动机直接启动时，按下启动按钮 SB2，交流接触器 KM 线圈得电，其主触点闭合，电动机启动运行；按下停止按钮 SB1，KM 线圈失电，电动机停止。

在图 1-1(c)中，三相电动机需要延时启动时，按下启动按钮 SB2，延时继电器 KT 得电并自保，延时一段时间后接触器 KM 线圈得电，其主触点闭合，电动机启动运行；按下停止按钮 SB1，KM 线圈失电，电动机停止。和直接启动一样，两个简单的控制系统输入设备和输出设备相同，即都通过启动按钮 SB2 和停止按钮 SB1 控制接触器 KM 线圈，但因控制要求发生了变化，控制系统必须重新设计，重新配线安装。

从上面例子可以看出,继电器－接触器控制系统按照具体的控制要求进行设计,采用硬件接线的方式安装而成,一旦控制要求改变,电气控制系统必须重新配线安装。上例只是两个简单的控制电路,已经比较麻烦了,对于复杂的控制系统,这种变动的工作量大、周期长,并且经济损失大。此外,大型的继电器控制电路接线更加复杂,体积庞大,再加上机械触点易损坏,因而系统的可靠性差,检修工作困难。

随着科技的进步、信息技术的发展,各种新型的控制器件和控制系统不断涌现。可编程控制器就是一种在继电器控制和计算机控制的基础上开发出来的新型自动控制装置。采用可编程控制器对三相电动机进行直接启动和延时启动,工作将变得轻松愉快。

采用可编程控制器进行控制,硬件接线更加简单清晰。主电路仍然不变,用户只需要将输入设备(如启动按钮 SB2、停止按钮 SB1、热继电器触点 FR)接到 PLC 的输入端口,输出设备(如接触器 KM 线圈)接到 PLC 的输出端口,再接上电源、输入软件程序就可以了。如图 1-2所示为用松下 FP0 可编程控制器控制电动机启停的硬件接线图和软件梯形图。直接启动和延时启动的硬件接线图完全相同,只是软件梯形图不同罢了。

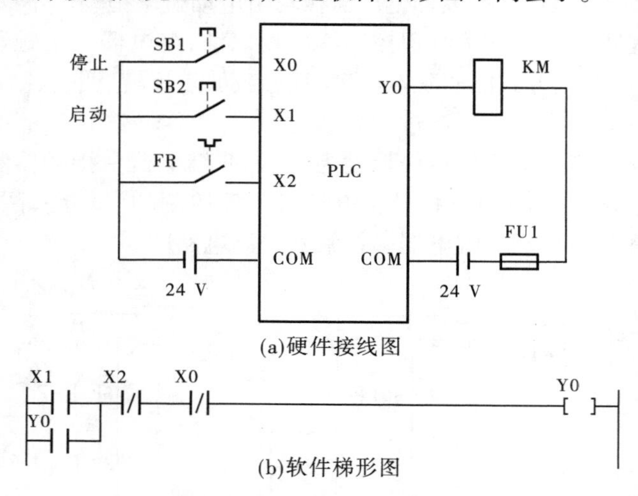

图 1-2　松下 FP0 可编程控制器控制电动机启停的硬件接线图和软件梯形图

PLC 是通过用户程序实现逻辑控制的,这与继电器－接触器控制系统采用硬件接线实现逻辑控制的方式不同。PLC 的外部接线只起到信号传送的作用。因而,用户可在不改变硬件接线的情况下,通过修改程序来实现两种方式的电动机启停控制。由此可见,采用可编程控制器进行控制方便灵活,极大地提高了工作效率。同时,可编程控制器还具有体积小、可靠性高、使用寿命长、编程方便等优点。

本项目介绍了可编程控制器的发展历程、结构和工作原理,详细说明了可编程控制器的资源与编程语言、工作方式,最后对日本松下电工公司的 FP 系列 PLC 进行了简单的介绍。

■ 任务一　认识可编程控制器的结构和工作原理

PLC 的产品型号很多,发展非常迅速,应用日益广泛,不同的产品在硬件结构、资源配置和指令系统等方面各不相同。但从总体来看,不同厂商的 PLC 在硬件结构和指令系统等方面大同小异。对于初学者而言,只要熟悉一种 PLC 的组成和指令系统,在面对其他 PLC 时

就可以做到触类旁通,举一反三。

一、PLC 的发展历程

在工业生产过程中,有大量的开关量顺序控制,它按照逻辑条件进行顺序动作,并按照逻辑关系进行联锁保护动作的控制,以及大量离散量的数据采集。传统上,这些功能是通过气动或电气控制系统来实现的。1968 年美国 GM(通用汽车)公司提出取代继电器控制装置的要求,第二年,美国数字公司研制出了基于集成电路和电子技术的控制装置,首次采用程序化的手段并应用于电气控制,这就是第一代可编程控制器,称为 Programmable Controller (PC)。

个人计算机发展起来后,为了方便,也为了反映可编程控制器的功能特点,可编程控制器定名为 Programmable Logic Controller(PLC)。

20 世纪 80 年代至 90 年代中期,是 PLC 发展最快的时期,年增长率一直保持为 30% ~ 40%。在这个时期,PLC 在处理模拟量能力、数字运算能力、人机接口能力和网络能力方面得到大幅度提高,PLC 逐渐进入过程控制领域,在某些应用上取代了在过程控制领域处于统治地位的 DCS(分布式控制系统)。

PLC 具有通用性强、使用方便、适用面广、可靠性高、抗干扰能力强、编程简单等特点。PLC 在工业自动化控制特别是顺序控制中的地位,在可预见的将来,是很难被取代的。

二、可编程控制器的基本结构

PLC 从组成形式上一般分为整体式和模块式两种,但在逻辑结构上基本相同。整体式 PLC 一般由 CPU(中央处理器)板、I/O(输入/输出)板、显示面板、内存和电源等组成,一般按 PLC 的性能又分为若干型号,并按 I/O 点数分为若干规格。模块式 PLC 一般由 CPU 模块、I/O 模块、内存模块、电源模块、底板或机架等组成。无论哪种结构类型的 PLC,都属于总线式的开放结构,其 I/O 能力可根据用户需要进行扩展与组合。PLC 的组成如图 1-3 所示。

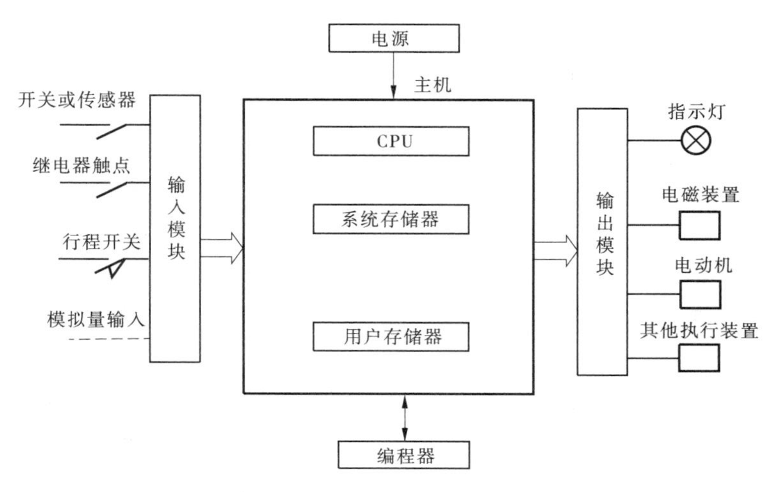

图 1-3　PLC 的组成

（一）CPU

与通用计算机中的 CPU 一样，PLC 中 CPU 也是整个系统的核心部件，主要由控制器、运算器、寄存器及实现它们之间联系的地址总线、数据总线和控制总线构成。此外，还有外围芯片、总线接口及有关电路。CPU 在很大程度上决定了 PLC 的整体性能，如整个系统的控制规模、工作速度和内存容量等。

CPU 中的控制器控制 PLC 工作，由它读取指令，解释并执行指令。工作的时序（节奏）则由振荡信号控制。CPU 中的运算器用于完成算术或逻辑运算，在控制器的指挥下工作。CPU 中的寄存器参与运算，并存储运算的中间结果。它也在控制器的指挥下工作。

作为 PLC 的核心，CPU 的功能主要包括以下几个方面：

（1）接收从编程器或计算机输入的程序和数据，并送入用户程序存储器中存储。

（2）监视电源、PLC 内部各个单元电路的工作状态。

（3）诊断编程过程中的语法错误，对用户程序进行编译。

（4）在 PLC 进入运行状态后，从用户程序存储器中逐条读取指令，并分析、执行该指令。

（5）采集由现场输入装置送来的数据，并存入指定的寄存器中。

（6）按程序进行处理，根据运算结果，更新有关标志位的状态和输出状态或数据寄存器的内容。

（7）根据输出状态或数据寄存器的有关内容，将结果送到输出接口。

（8）响应中断和各种外围设备（如编程器、打印机等）的任务处理请求。

当 PLC 处于运行状态时，首先以扫描的方式接收现场各输入装置的状态和数据，并分别存入相应的输入缓冲区。然后从用户程序存储器中逐条读取用户程序，经过命令解释后，按指令的规定执行逻辑或算术运算，将运算结果送入相应的输出缓冲区或数据寄存器内。等所有的用户程序执行完毕之后，将 I/O 缓冲区的各输出状态或数据寄存器内的数据传送到相应的输出装置。如此循环运行，直到 PLC 处于编程状态，用户程序停止运行。

CPU 模块的外部表现就是具有工作状态的显示、各种接口及设定或控制开关。CPU 模块一般都有相应的状态指示灯，如电源指示灯、运行指示灯、输入/输出指示灯和故障指示灯等。整体式 PLC 的面板上也有这些显示。总线接口用于连接 I/O 模块或特殊功能模块，内存接口用于安装存储器，外设接口用于连接编程器等外部设备，通信接口则用于通信。此外，CPU 模块上还有许多设定开关，用以对 PLC 进行设定，如设定工作方式和内存区等。为了进一步提高 PLC 的可靠性，近年来对大型 PLC 还采用双 CPU 构成冗余系统，或采用 3CPU 的表决式系统。这样，即使某个 CPU 出现故障，整个系统仍能正常运行。

（二）存储器

存储器（内存）主要用于存储程序及数据，是 PLC 不可缺少的组成单元。PLC 中的存储器一般包括系统存储器和用户存储器两部分。系统存储器用于存储整个系统的监控程序，一般采用只读存储器（Read Only Memory，ROM），具有掉电不丢失信息的特性。用户存储器用于存储用户根据工艺要求或控制功能设计的控制程序，早期一般采用随机读写存储器（Random Access Memory，RAM），需要使用后备电池以便在掉电后保存程序，目前则倾向于采用电可擦除的只读存储器（Electrical Erasable Programmable Read Only Memory，EEPROM 或 E2PROM）或闪存（Flash Memory），免去了使用后备电池的麻烦。有些 PLC 的存储器容量固定，不能扩展，多数 PLC 则可以扩展存储器。

（三）输入/输出模块

输入模块和输出模块通常称为 I/O 模块或 I/O 单元。PLC 提供了各种工作电平、连接形式和驱动能力的 I/O 模块，有各种功能的 I/O 模块可供用户选用，如电平转换、电气隔离、串/并行变换、开关量输入/输出、模数（A/D）和数模（D/A）转换以及其他功能模块等。按 I/O 点数确定模块的规格及数量，I/O 模块可多可少，但其最大数受 PLC 所能管理的配置能力，即底板或机架槽数的限制。

PLC 的对外功能主要是通过各种 I/O 模块与外界联系来实现的。输入模块和输出模块是 PLC 与现场 I/O 装置或设备之间的连接部件，起着 PLC 与外部设备之间传递信息的作用。I/O 模块分为开关量输入（Digital Input，DI）、开关量输出（Digital Output，DO）、模拟量输入（Analog Input，AI）和模拟量输出（Analog Output，AO）等模块。通常 I/O 模块上还有 I/O接线端子排和状态显示，以便于连接和监视。I/O 模块既可通过底板总线与主控模块放在一起，构成一个系统，又可通过插座用电线引出远程放置，实现远程控制及联网。

开关量模块按电压水平分有 220 VAC、110 VAC、24 VDC 等规格，按隔离方式分有继电器输出、晶闸管输出和晶体管输出等类型。

模拟量模块按信号类型分有电流型（4 ~ 20 mA、0 ~ 20 mA）、电压型（0 ~ 10 V、0 ~ 5 V、-10 ~ 10 V）等规格，按精度分有 12 位、14 位、16 位等规格。

1. 输入接口电路

连接到 PLC 输入接口的输入器件是各种开关、按钮、传感器等。常用的输入接口按其使用的电源不同有三种类型：直流输入接口、交流输入接口和交/直流输入接口，其基本原理电路如图 1-4 所示。

2. 输出接口电路

连接到 PLC 输出接口的输出器件是接触器线圈、电磁阀、信号灯等。各种输出接口按输出开关器件不同有三种类型：继电器输出、晶体管输出和晶闸管输出，其基本原理电路如图 1-5 所示。继电器输出接口可驱动交流或直流负载，但其响应时间长，动作频率低；而晶体管输出接口和晶闸管输出接口的响应速度快，动作频率高，但前者只能用于驱动直流负载，后者只能用于驱动交流负载。

PLC 的 I/O 接口所能接收的输入信号个数和输出信号个数称为 PLC 输入/输出（I/O）点数。I/O 点数是选择 PLC 的重要依据之一。当系统的 I/O 点数不够时，可通过 PLC 的 I/O扩展接口对系统进行扩展。

（四）智能模块

除上述通用的 I/O 模块外，PLC 还提供了各种各样的特殊 I/O 模块，如热电阻、热电偶、高速计数器、位置控制、以太网、现场总线、远程 I/O 控制、温度控制、中断控制、声音输出、打印机等专用型或智能型的 I/O 模块，用以满足各种特殊功能的控制要求。I/O 模块的类型、品种与规格越多，系统的灵活性越高。模块的 I/O 容量越大，系统的适应性就越强。

（五）编程设备

常见的编程设备有简易手持编程器、智能图形编程器和基于个人计算机的专用编程软件。编程设备用于输入和编辑用户程序，对系统作一些设定，监控 PLC 及 PLC 所控制的系统的工作状况。编程设备在 PLC 的应用系统设计与调试、监控运行和检查维护中是不可缺少的部件，但不直接参与现场的控制。

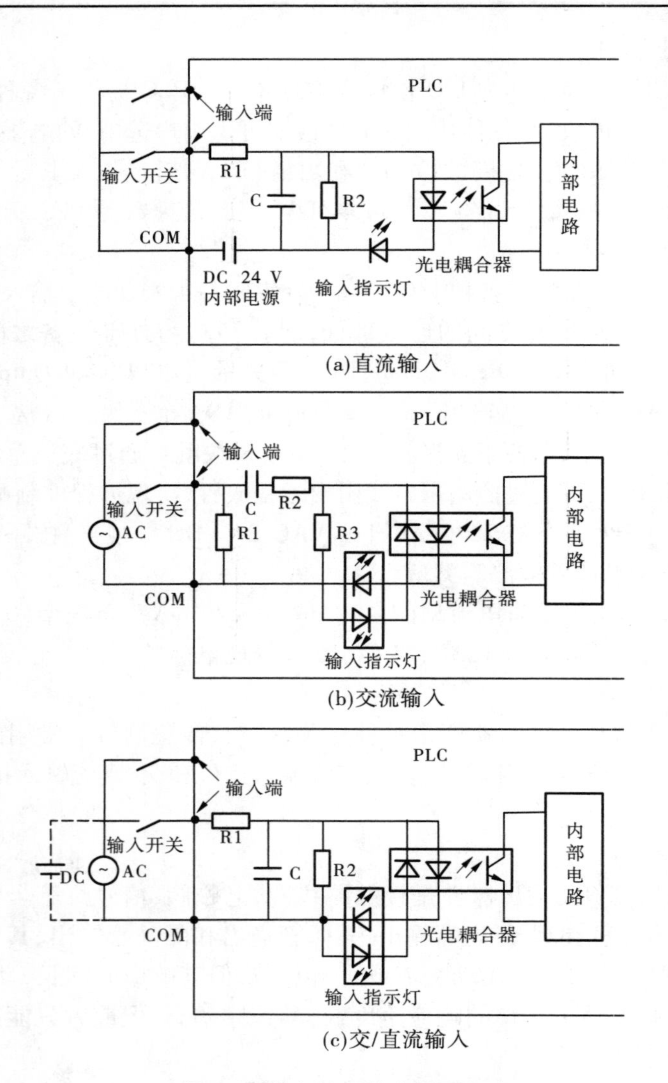

图 1-4　输入接口基本原理电路

(六)电源

PLC 中不同的电路单元需要不同的工作电源,如 CPU 和 I/O 电路要采用不同的工作电源。因此,电源在整个 PLC 系统中起着十分重要的作用。如果没有一个良好的、可靠的电源,系统是无法正常工作的。PLC 的制造商对电源的设计和制造十分重视。

PLC 一般都配有开关式稳压电源,用于给 PLC 的内部电路和各模块的集成电路提供工作电源。有些机型还向外提供 24 V 的直流电源,用于给外部输入信号或传感器供电,避免了由于电源污染或电源不合格而引起的问题,同时也减少了外部连线,方便了用户。有些 PLC 中的电源与 CPU 模块合二为一,有些是分开的。输入类型上有 220 V 或 110 V 的交流输入,也有 24 V 的直流输入。对于交流输入的 PLC,电源电压为 100 ~ 240 VAC。一般交流电压波动在 -15% ~ +10%,可以不采取其他措施而将 PLC 直接连接到交流电网上去。对于直流输入的 PLC,电源的额定电压一般为 24 VDC。当电源在额定电压的 -15% ~ +10% 波动时,PLC 都可以正常工作。

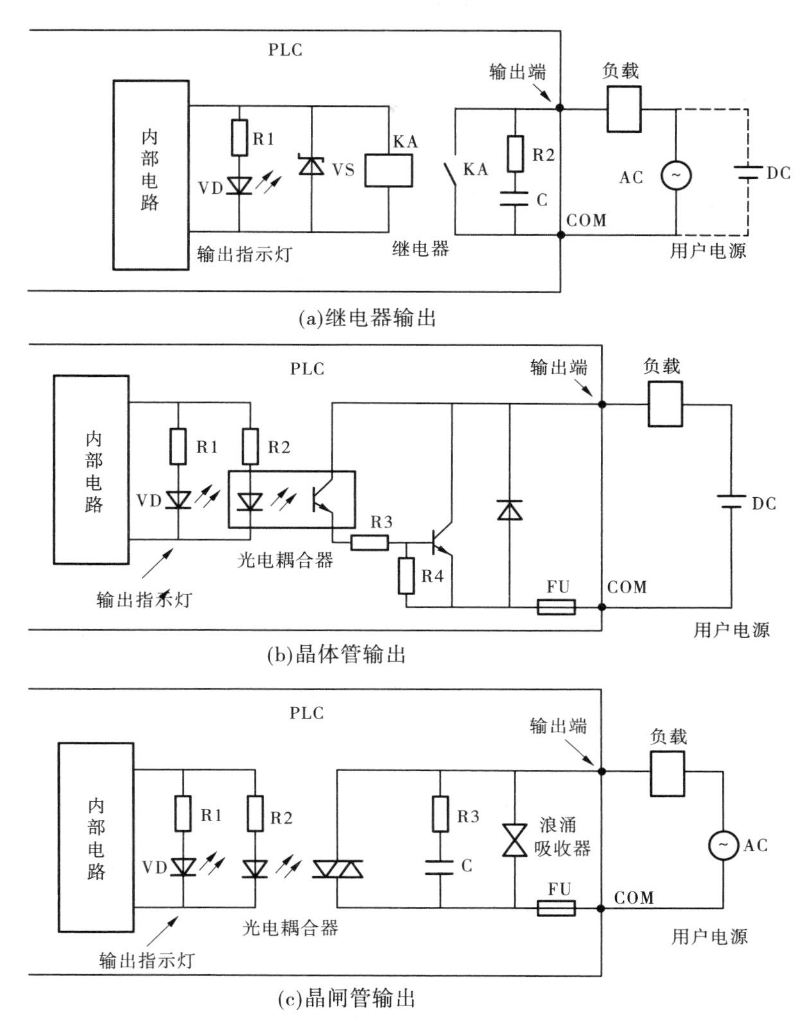

图 1-5 输出接口基本原理电路

任务二 认识可编程控制器的资源与编程语言

一、可编程控制器的硬件资源

PLC 都提供了各种类型的继电器,一般都称为软继电器,以供系统软件设计时编程使用。常用的有输入继电器、输出继电器、内部继电器(分为通用和专用)、定时器、计数器、数据寄存器(分为通用和专用)等。这些编程用的继电器的工作线圈没有工作电压等级、功耗大小和电磁惯性等问题。其触点没有数量限制,没有机械磨损和电蚀等问题。在不同的指令操作下,其工作状态可以无记忆,也可以有记忆,还可以作为脉冲数字元件使用。

(一)输入继电器

PLC 的输入继电器是接收外部开关信号的窗口。PLC 内部与输入端子连接的输入继电器是用光电耦合器隔离的电子继电器,编号与接线端子编号一致,如图 1-6 所示。每一个输

入继电器都有一个等效线圈和无数个常开/常闭触点。线圈的吸合或释放只取决于 PLC 外部所连接的开关信号的状态，而不能通过程序控制。内部的常开/常闭触点供编程时随时使用，使用次数不限。输入电路的时间常数一般小于 10 ms。

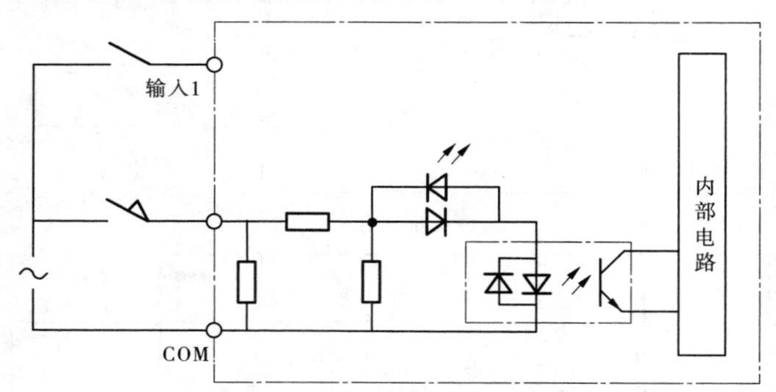

图 1-6　输入继电器内部原理图

（二）输出继电器

PLC 的输出继电器是向外部负载输出信号的窗口，也是通过光电耦合器隔离后接外部负载的。输出继电器的线圈由程序控制，其外部输出主触点接到 PLC 的输出端子上，以供驱动外部负载使用，其余常开/常闭触点供内部程序使用。输出继电器的常开/常闭触点使用次数不限，但线圈一般只能用 1 次。

（三）内部继电器

PLC 中有很多内部继电器，其线圈与输出继电器一样，由 PLC 内各软元件的触点驱动。内部继电器没有向外的任何联系，只供内部编程使用。它的常开/常闭触点使用次数不受限制。但是，这些触点不能直接驱动外部负载，外部负载的驱动必须通过输出继电器来实现。内部继电器一般分为通用内部继电器和特殊内部继电器。

1. 通用内部继电器

PLC 中都有一定数量的通用内部继电器。这类继电器的触点和线圈在程序中都可以使用，但线圈一般只能用 1 次，而对应的常开/常闭触点则可以无限制地重复使用。

2. 特殊内部继电器

特殊内部继电器也叫专用内部继电器，每一个都有专门的用途，用来存储系统工作时的一些特定状态信息。这类继电器只能单个使用，而且只能使用触点，不能使用线圈。

不同的 PLC 其输入继电器、输出继电器和内部继电器的编址方式（编号）不同，数量多少也不一样。在实际设计中，一定要明确其编址方式和数量。它们一般既可单个使用，也可以字节（由 8 个继电器组成）、字（由 16 个继电器组成）或双字（由 32 个继电器组成）的形式使用。

（四）定时器

PLC 中的定时器根据时钟脉冲的累积计时。当所计时间达到设定值时，其输出触点动作。时钟脉冲一般有 1 ms、10 ms 和 100 ms，有些 PLC 还提供 1 s 的时钟，可以满足不同的应用需求。定时器可以采用用户程序存储器内的常数作为设定值，也可以用数据寄存器的内容作为设定值。

每个定时器只有一个输入。编程时，设定值由用户确定。与常规的时间继电器一样，线圈通电时,定时器的当前值开始减计数计时。在当前值计到 0 时,相应的常开/常闭触点都动作,常开触点闭合,常闭触点断开;断电时自动复位,所有的触点释放,不保存中间数值,当前值又变为设定值。需要注意的是,PLC 中的定时器没有与常规的时间继电器一样的瞬动触点。

（五）计数器

PLC 中的计数器一般是 16 位减法计数器,都有两个输入,一个用于计数,另一个用于复位。每一个计数脉冲上升沿使原来的数值减 1。在当前值减到 0 时停止计数,同时触点动作,常开触点闭合,常闭触点断开。当复位控制信号的上升沿到来时,计数器被复位。复位信号断开后,计数器重新进入计数状态。与定时器不同的是,如果在计数过程中系统断电,计数器的当前值一般能自动保存下来。在系统上电重新运行时,计数器就接着断电时的参数值继续计数。

不同的 PLC 其定时器和计数器的编址方式(编号)不同,具体工作特性和数量的多少也不一样。在实际设计中,一定要十分熟悉其编址方式、工作特性和数量。一个定时器或计数器的线圈一般只能使用 1 次,但其常开和常闭触点都没有使用次数的限制,在编程时可以重复使用。

（六）数据寄存器

数据寄存器不能使用线圈或触点,而是以字存储单元的形式使用,用于存放各种数据。PLC 中每一个数据寄存器都是一个字存储单元,都是 16 位(最高位为正、负符号位),也可用两个数据寄存器组合起来存储 32 位数据(最高位为正、负符号位)。不同的 PLC 提供的数据寄存器的种类和数量不同,编址方式(编号)也不一样。数据寄存器一般分为通用和专用两种。

1. 通用数据寄存器

通用数据寄存器用于存放各种数据,只要不写入其他数据,已写入的数据就不会变化。默认状态下各个单元的数据均为 0。

2. 专用数据寄存器

专用数据寄存器也叫特殊数据寄存器。与专用内部继电器类似,每一个都有专门的用途。这类存储单元只能以字的形式使用。

以上对 PLC 的继电器资源作了简要的介绍,具体的应用在后面再结合相应的 PLC 产品和指令详细讨论。实际上,对于任意一种 PLC,不论是学习还是实际使用,熟练掌握其所提供的继电器的种类、数量和各自的特性都非常重要。这是学习和使用 PLC 的重要基础,是学习指令系统的前提条件,所以一定要熟练掌握这一部分的知识点。

二、可编程控制器的编程语言

PLC 是一种专门为工业控制而设计的计算机,具体控制功能的实现也是通过开发人员设计的程序来完成的。所以,采用 PLC 进行控制就涉及用相应的程序设计语言来完成编程的任务。

PLC 的主要缺点在于 PLC 的软件和硬件体系结构是封闭而不是开放的。绝大多数的 PLC 采用专用总线、专用通信网及协议。编程虽然都可采用梯形图,但不同公司的 PLC 产品在寻址、语法结构等方面不一致,使各种 PLC 互不兼容。国际电工委员会(IEC)在 1992

年颁布了可编程控制器的编程软件标准 IEC1131－3，为各 PLC 厂家编程的标准化铺平了道路。开发以 PC 为基础、在 Windows 平台下符合 IEC1131－3 国际标准的新一代开放体系结构的 PLC 正在规划中。

国际电工委员会制定的 5 种标准编程语言如下：

（1）梯形图（Ladder Diagram，LD）：适合于逻辑控制的程序设计。

（2）指令表（Instruction List，IL）：适合于简单文本的程序设计。

（3）顺序功能图（Sequential Function Chart，SFC）：适合于时序混合型的多进程复杂控制。

（4）功能块图（Function Block Diagram，FBD）：适合于典型固定复杂算法控制，如 PID 调节等。

（5）结构化文本（Structured Text，ST）：适合于自编专用的复杂程序，如特殊的模型算法。

（一）梯形图

梯形图语言是 PLC 中应用程序设计的一种标准语言，也是在实际设计中最常用的一种语言。因与继电器电路很相似，具有直观易懂的特点，很容易被熟悉继电器控制的电气人员掌握，它特别适合于数字逻辑控制，但不适合于编写控制功能复杂的大型程序。

梯形图是一种图形化的编程语言，沿用了传统的电气控制原理图中的继电器触点、线圈、串联和并联等术语及一些图形符号，左右的竖线称为左右母线。在程序中，最左边是主信号流，信号流总是从左向右流动的。梯形图由触点、线圈和指令框等构成。触点代表逻辑输入条件，线圈代表逻辑运算结果，指令框用来表示定时器、计数器或数学运算等功能指令。梯形图中的触点只有常开和常闭两种，触点可以是 PLC 外部开关连接的输入继电器的触点，也可以是 PLC 内部继电器的触点或内部定时器、计数器等的触点。梯形图中的触点可以任意串、并联，但线圈只能并联，不能串联。内部继电器、定时器、计数器、寄存器等均不能直接控制外部负载，只能作为中间结果供 CPU 内部使用。PLC 按循环扫描的方式处理控制任务，沿梯形图先后顺序执行。在同一扫描周期中的结果存储在输出状态寄存器中，所以输出点的值在用户程序中可以当作条件使用。

图 1-7 为继电器控制电路与 PLC 梯形图控制的比较。

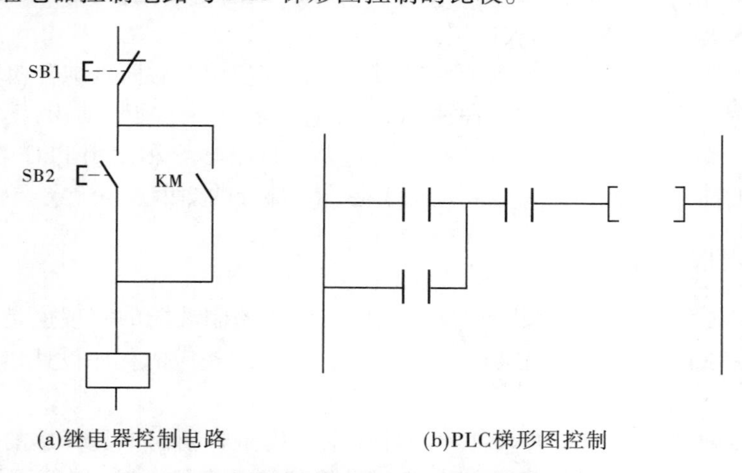

图 1-7　继电器控制电路与 PLC 梯形图控制的比较

(二)指令表

指令表是一种类似于计算机汇编语言的文本编程语言,即用特定的助记符来表示某种逻辑运算关系。一般由多条语句组成一个程序段。指令表适合于经验丰富的程序员使用,可以实现某些梯形图不易实现的功能。

(三)顺序功能图

顺序功能图也是一种图形化的编程语言,用来编写顺序控制的程序(如机械手控制程序)。在进行程序设计时,工艺过程被划分为若干个顺序出现的步,每步中包括控制输出的动作,从一步到另一步的转换由转换条件来控制,特别适合于生产制造过程。

(四)功能块图

功能块图使用类似于布尔代数的图形逻辑符号来表示控制逻辑,一些复杂的功能用指令框表示,适合于有数字电路基础的编程人员使用。功能块图采用类似于数字电路中逻辑门的形式来表示逻辑运算关系。一般一个运算框表示一个功能。运算框的左侧为逻辑运算的输入变量,右侧为输出变量。输入、输出端的小圆圈表示"非"运算,方框用"导线"连在一起。

(五)结构化文本

结构化文本是为 IEC1131 -3 标准创建的一种 PLC 专用的高级语言,与梯形图相比,易于实现复杂的数学运算,编写的程序非常简洁和紧凑。

前面对 PLC 的基本情况作了一般性的介绍。由于没有结合具体的 PLC 产品进行说明,因此有些地方可能还难以形成完整而具体的认识,如内部的继电器资源等内容。但从学习和使用的角度来说,一般要从以下 3 个方面来考虑:

(1)必须熟悉 PLC 的内部继电器资源。这是进行系统程序设计的前提和基础。针对特定型号的 PLC,一定要搞清楚其内部继电器的类型、数量、编号范围和相关特性。只有熟悉了这部分内容,在程序设计中才能合理地进行资源分配,从而编写出高水平的应用程序。由于一般的 PLC 教材和参考资料只介绍一些常用的资源,内容不够全面,必要的时候可查看相应的 PLC 用户手册。

(2)必须熟悉 PLC 的指令系统。指令是进行 PLC 程序设计的基本语言工具,是系统控制功能的具体体现。只有熟练掌握了 PLC 的指令系统,在进行程序设计时才能做到灵活应用。当然,采用 PLC 进行控制系统设计的工程技术人员首先要熟悉生产流程、被控设备的特性和控制要求,然后结合指令系统才能设计出高质量的程序。

(3)必须熟悉 PLC 的输入和输出电路特性及外部输入/输出设备与 PLC 的输入/输出继电器的连接方法。不同的 PLC 对输入和输出的信号要求不一样,如输入信号分直流和交流,输出则有继电器输出、晶体管输出和晶闸管输出等不同类型。在实际设计中,应该注意输入/输出电路的动作特点、电压、负载电流等参数。这些内容一般可以在 PLC 的硬件安装手册中查到。

三、可编程控制器的工作原理

PLC 在本质上是一台微型计算机,其工作原理与普通计算机类似,具有计算机的许多特点。但其工作方式却与计算机有较大的不同,具有一定的特殊性。

早期的 PLC 主要用于替代传统的继电器 - 接触器构成的控制装置,但是这两者的运行

方式不同。继电器控制装置采用硬逻辑并行运行的方式,如果一个继电器的线圈通电或断电,该继电器的所有触点(常开/常闭触点)不论在控制线路的哪个位置,都会立即同时动作。而PLC采用了一种不同于一般计算机的运行方式,即循环扫描。PLC在工作时逐条顺序地扫描用户程序。如果一个线圈接通或断开,该线圈的所有触点不会立即动作,必须等扫描到该触点时才会动作。为了消除两者之间由于运行方式不同而造成的这种差异,必须考虑到继电器控制装置中各类触点的动作时间一般在100 ms以上,而PLC扫描用户程序的时间一般均小于100 ms。

计算机一般采用等待输入、响应处理的工作方式,没有输入时就一直等待输入,如有键盘操作或鼠标等I/O信号的触发,则由计算机的操作系统进行处理,转入相应的程序。一旦该程序执行结束,又进入等待输入的状态。而PLC对I/O操作、数据处理等则采用循环扫描的工作方式。

四、可编程控制器的工作过程

当PLC投入运行后,在系统监控程序的控制下,其工作过程一般主要包括3个阶段,即输入采样、用户程序执行和输出刷新阶段(见图1-8)。完成上述3个阶段称作一个扫描周期。在整个运行期间,PLC的CPU以一定的扫描速度重复执行这3个阶段。

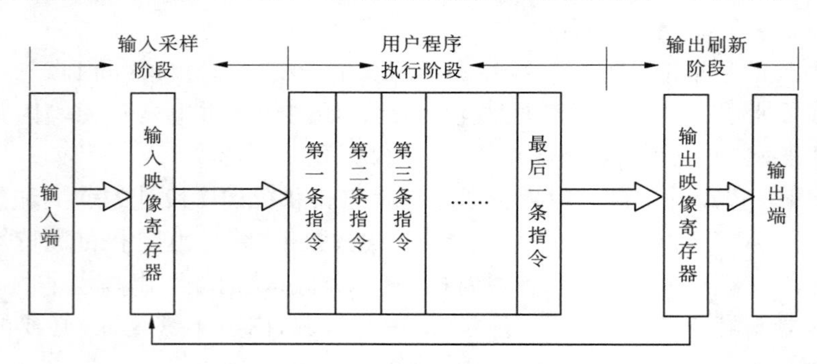

图1-8　可编程控制器的工作过程

(一)输入采样

在输入采样阶段,PLC以扫描方式依次地读入所有输入的状态和数据,并将它们存入I/O缓冲区中相应的单元内。输入采样结束后,系统转入用户程序执行和输出刷新阶段。在这两个阶段中,即使外部的输入状态和数据发生变化,输入缓冲区中的相应单元的状态和数据也不会改变。因此,如果输入的是脉冲信号,则该脉冲信号的宽度必须大于一个扫描周期,才能保证在任何情况下,输入信号均被有效采集。

(二)用户程序执行

在用户程序执行阶段,PLC总是按由上而下的顺序依次地扫描用户程序。在扫描每一条指令时,又总是按先左后右、先上后下的顺序进行逻辑运算,然后根据逻辑运算的结果,刷新该继电器在系统RAM存储区中对应位的状态,或者刷新该继电器在I/O缓冲区中对应位的状态,或者确定是否要执行该指令所规定的特殊功能操作。因此,在用户程序执行过程中,只有输入继电器在I/O缓冲区内的状态和数据不会发生变化,而输出继电器和其他软元件在I/O缓冲区或系统RAM存储区内的状态和数据都有可能发生变化。并且,排在上面的指令,其程序执行结果会对排在下面的用到这些线圈或数据的指令起作用。相反,排在下面的指令,其被刷新的线圈的状态或数据只能到下一个扫描周期才能对排在其上面的程序起作用。

(三)输出刷新

在用户程序扫描结束后,PLC 就进入输出刷新阶段。在此期间,CPU 按照输出缓冲区中对应的状态和数据刷新所有的输出锁存电路,再经输出电路驱动相应的外部设备。这时才是 PLC 的真正输出。

任务三　认识 FP 系列 PLC

日本松下电工公司的 FP 系列 PLC 可以说是可编程控制器市场上的后起新秀,被称为“一匹黑马”。主要有 FP1、FP-M、FP-X 和 FP0。FP-M 是板式结构的 PLC,可镶嵌在控制机箱内。其指令系统与硬件配置均与 FP1 兼容。FP0 是超小型 PLC,具有世界上最小的安装面积,宽 25 mm,高 90 mm,长 60 mm。其可轻松扩展,扩展单元可直接连接到控制单元上,不需任何电缆,有着广泛的应用领域,是近几年开发的新产品。虽然松下电工公司的产品进入中国市场较晚,但由于其设计上有不少独特之处,所以一经推出,就备受用户关注。其产品特点可以归纳为以下几点:

(1)丰富的指令系统。在 FP 系列 PLC 中,即使是小型机,也具有近 200 条指令。其除能实现一般逻辑控制外,还可进行运动控制、复杂数据处理,甚至可直接控制变频器实现电动机调速控制。中、大型机还加入了过程控制和模糊控制指令。而且各种类型的 PLC 产品的指令系统都具有向上兼容性,便于应用程序的移植。

(2)快速的 CPU 处理速度。FP 系列 PLC 各种机型的 CPU 速度均优于同类产品,小型机尤为突出。如 FP1 型 PLC 的 CPU 的处理速度为 1.6 ms/1 000 步,超小型机 FP0 的处理速度为 0.9 ms/1 000 步。而大型机中由于使用了采用 RISC 结构设计的 CPU 芯片,其处理速度更快。

(3)大程序容量。FP 系列 PLC 的用户程序容量也较同类机型大,其小型机一般可以达 3 000步左右,最高可达到 5 000 步,而其大型机则最高可达 60 000 步。

(4)功能强大的编程工具。FP 系列 PLC 无论采用的是手持编程器还是编程工具软件,其编程及监控功能都很强。FP-Ⅱ型手持编程器还有用户程序转存功能。其编程软件除已汉化的 DOS 版 NPST-GR 外,还推出了 Windows 版的 FPSOFT,最新版的 FPWIN-GR 也已进入市场。这些工具都为用户的软件开发提供了方便。

(5)强大的网络通信功能。FP 系列 PLC 的各种机型都提供了通信功能,而且它们采用的应用层通信协议又具有一致性,这为构成多级 PLC 网络,开发 PLC 网络应用程序提供了方便。松下电工公司提供了多达 6 种 PLC 网络产品,在同一子网中集成了几种通信方式,用户可根据需要选用。尽管这些网络产品的数据链路层和物理层各不相同,但都保持了应用层的一致性。特别值得一提的是,在 PLC 最高层的管理网络采用了包含 TCP/IP 技术的 Ethernet 网,可通过它连接到计算机互联网上,这反映了工业局域网标准化的另一种趋势,也使产品具有更广阔的应用前景。

下面主要介绍 FP0 这种产品。

一、FP0 的外形结构及特点

FP0 产品体积小,但功能十分强大,它增加了许多大型机的指令和功能,如 PID 指令和 PWM(脉宽调制)输出功能。PID 指令可进行过程控制,FWM 脉冲可直接控制变频器。它的编程口为 RS232 口,可直接和 PC 机相连,无需适配器。其 CPU 速度也比 FP1 快了近 1 倍。

FP0 机型小巧精致,其外形结构如图 1-9 所示。其外形尺寸高 90 mm,长 60 mm,一个控制单元只有 25 mm 宽,甚至 I/O 扩充至 128 点。

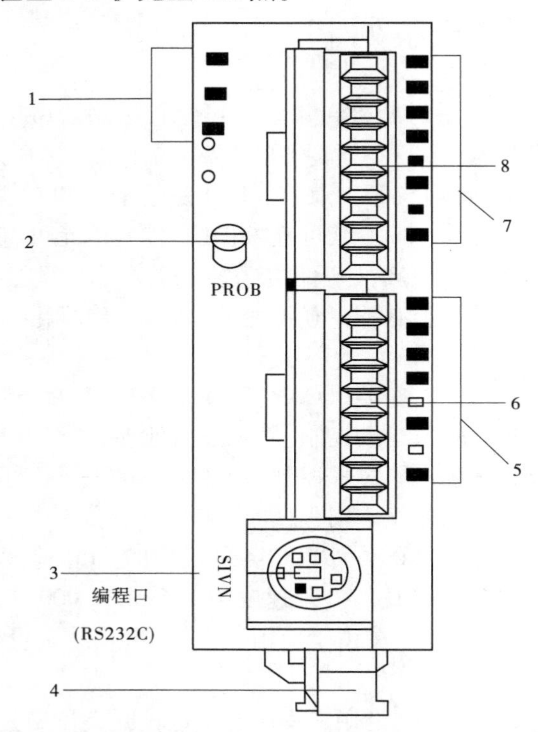

1—状态指示发光二极管;2—模式开关;3—编程口;4—电源连接器;5—输出指示发光二极管;
6—输出端子(9 端);7—输入指示发光二极管;8—输入端子(9 端)

图 1-9　FP0 外形结构

超小型的外形设计打破了以往人们对小型 PLC 的看法。其安装面积在同类产品中也是最小的,所以 FP0 可安装在小型机器、设备及越来越小的控制板上。下面简述其特点。

(1)品种规格。产品型号以 C 字母开头的为主控单元(或称主机),以 E 字母开头的为扩展单元(或称扩展机),后面跟的数字代表 I/O 点数。FP0 主控单元有 C10 ~ C32 多种规格,扩展单元有 E8 ~ E32 多种规格。表 1-1 列出了 FP0 的主要产品规格。其型号中后缀为 R、T、P 三种,它们的含义如下:R 是继电器输出型,T 是 NPN 型晶体管输出型,P 是 PNP 型晶体管输出型。

FP0 可单台使用,也可多模块组合,最多可增加 3 个扩展模块。I/O 点从最小 10 点至最大 128 点,用户可根据自已的需要选取合适的组合。FP0 机型可实现轻松扩展,扩展单元不需要任何电缆即可直接连接到主控单元上。

表 1-1 FP0 产品规格

（Ⅰ）主控单元

<table>
<tr><th rowspan="2">系列</th><th colspan="6">规格</th><th rowspan="2">部件号</th></tr>
<tr><th>程序容量</th><th>I/O 点</th><th>连接方法</th><th>操作电压</th><th>输入类型</th><th>输出类型</th></tr>
<tr><td rowspan="2">FP0 - C10</td><td rowspan="2">2 720 步</td><td rowspan="2">总数 10
输入:6
输出:4</td><td>端子型</td><td>24 VDC</td><td>24 VDC
Sink/source</td><td>继电器</td><td>FP0 - C10RS</td></tr>
<tr><td>MOLEX
连接器型</td><td>24 VDC</td><td>24 VDC
Sink/source</td><td>继电器</td><td>FP0 - C10RM</td></tr>
<tr><td rowspan="2">FP0 - C14</td><td rowspan="2">2 720 步</td><td rowspan="2">总数 14
输入:8
输出:6</td><td>端子型</td><td>24 VDC</td><td>24 VDC
Sink/source</td><td>继电器</td><td>FP0 - C14RS</td></tr>
<tr><td>MIL
连接器型</td><td>24 VDC</td><td>24 VDC
Sink/source</td><td>继电器</td><td>FP0 - C14RM</td></tr>
<tr><td rowspan="2">FP0 - C16</td><td rowspan="2">2 720 步</td><td rowspan="2">总数 16
输入:8
输出:8</td><td>MIL
连接器型</td><td>24 VDC</td><td>24 VDC
Sink/source</td><td>晶体管
(NPN)</td><td>FP0 - C16T</td></tr>
<tr><td>MIL
连接器型</td><td>24 VDC</td><td>24 VDC
Sink/source</td><td>晶体管
(PNP)</td><td>FP0 - C16P</td></tr>
<tr><td rowspan="2">FP0 - C32</td><td rowspan="2">5 000 步</td><td rowspan="2">总数 32
输入:16
输出:16</td><td>MIL
连接器型</td><td>24 VDC</td><td>24 VDC
Sink/source</td><td>晶体管
(NPN)</td><td>FP0 - C32T</td></tr>
<tr><td>MIL
连接器型</td><td>24 VDC</td><td>24 VDC
Sink/source</td><td>晶体管
(PNP)</td><td>FP0 - C32P</td></tr>
<tr><td rowspan="2">FP0 - E8</td><td rowspan="2">总数 8
输入:4
输出:4</td><td>端子型</td><td>24 VDC</td><td>24 VDC
Sink/source</td><td>继电器</td><td colspan="2">FP0 - E8RS</td></tr>
<tr><td>MOLEX
连接器型</td><td>24 VDC</td><td>24 VDC
Sink/source</td><td>继电器</td><td colspan="2">FP0 - E8RM</td></tr>
<tr><td rowspan="4">FP0 - E16</td><td rowspan="4">总数 16
输入:8
输出:8</td><td>端子型</td><td>24 VDC</td><td>24 VDC
Sink/source</td><td>继电器</td><td colspan="2">FP0 - E16RS</td></tr>
<tr><td>MOLEX
连接器型</td><td>24 VDC</td><td>24 VDC
Sink/source</td><td>继电器</td><td colspan="2">FP0 - E16RM</td></tr>
<tr><td>MIL
连接器型</td><td>—</td><td>24 VDC
Sink/source</td><td>晶体管
(NPN)</td><td colspan="2">FP0 - E16T</td></tr>
<tr><td>MIL
连接器型</td><td>—</td><td>24 VDC
Sink/source</td><td>晶体管
(PNP)</td><td colspan="2">FP0 - E16P</td></tr>
<tr><td rowspan="2">FP0 - E32</td><td rowspan="2">总数 32
输入:16
输出:16</td><td>MIL
连接器型</td><td>—</td><td>24 VDC
Sink/source</td><td>晶体管
(NPN)</td><td colspan="2">FP0 - E32T</td></tr>
<tr><td>MIL
连接器型</td><td>—</td><td>24 VDC
Sink/source</td><td>晶体管
(PNP)</td><td colspan="2">FP0 - E32P</td></tr>
</table>

（2）运行速度。FP0 的运行速度在同类产品中是最快的，每个基本指令执行速度为 0.9 μs。500 步的程序只需 0.5 ms 的扫描时间。还可读取短至 50 μs 的窄脉冲，即 FP0 有脉冲捕捉功能。

（3）程序容量。FP0 具有 5 000 步的大容量内存及大容量的数据寄存器，可用于复杂控制及大数据量处理。

（4）特殊功能。FP0 具备两路脉冲输出功能，可单独进行运动位置控制，互不干扰。同

时,FP0 具备双相双通道高速计数功能,并拥有双相双频高速计数功能。此外,FP0 具备 PWM(脉宽调制)输出功能。利用它可以很容易地实现温度控制。而且该 PWM 脉冲还可用来直接驱动松下电工微型变频器 VF0,构成小功率变频调速系统。

(5)通信功能。FP0 可经 RS232 口直接连接调制解调器,通信时若选用“调制解调器”通信方式,则 FP0 可使用 AT 命令自动拨号,实现远程通信。如果使用 C-NET 通信单元,还可以将多个 FP0 单元连接在一起构成分布式控制网络。

松下电工的各种编程工具软件适用于任何 FP 系列可编程控制器,所以也可以用于 FP0。而且,由于 FP0 的编程工具接口是 RS232C,所以连接个人计算机仅需一根电缆,不需适配器。

(6)其他性能。FP0 维护简单。程序内存使用 EEPROM,无需备用电池。此外,FP0 还增加了程序运行过程的重写功能。

FP0 的技术性能见表 1-2。

表 1-2　FP0 的技术性能

项目			继电器输出型		晶体管输出型	
			C10RS/C10RM	C14RS/C14RM	C16T/C16P	C32T/C32P
编程方法/控制方法			继电器符号/循环操作			
可控 I/O 点	仅主控单元		总数 10 输入:6 输出:4	总数 14 输入:8 输出:6	总数 16 输入:8 输出:8	总数 32 输入:16 输出:16
	带扩展单元		最多 58	最多 62	最多 112	最多 128
程序存储器			内置 EEPROM(没有电池)			
程序容量			2 720 步			5 000 步
指令种类	基本		83			
	高级		111			
指令执行速度			0.9 μs/步(基本指令)			
操作存储器点数	继电器	外部输入继电器(X)	208 点(X0～X12F)			
		外部输出继电器(Y)	208 点(Y0～Y12F)			
		内部继电器(R)	1008 点(R0～R62F)			
		专用内部继电器(R)	64 点(R9000～R903F)			
		定时器/计数器(T/C)	总共 144 个,初始设置为 100 个定时器(TM0～99),44 个计数器(CT100～143)。定时时钟可选 1 ms、10 ms、100 ms、1 s			
	存储器区	数据存储器(DT)	1 660 字 (DT0～DT1659)		6 144 字 (DT0～DT6143)	
		专用数据存储器(DT)	112 字(DT9000～DT9111)			
		变址存储器(IX,IY)	2 字			

续表 1-2

<table>
<tr><td colspan="3" rowspan="2">项目</td><td colspan="2">继电器输出型</td><td colspan="2">晶体管输出型</td></tr>
<tr><td>C10RS/C10RM</td><td>C14RS/C14RM</td><td>C16T/C16P</td><td>C32T/C32P</td></tr>
<tr><td colspan="3">微分点(DF,DF/)</td><td colspan="4">无限多点</td></tr>
<tr><td colspan="3">主控点数(MCR)</td><td colspan="4">32 点</td></tr>
<tr><td colspan="3">标点数(JMP,LOOP)</td><td colspan="4">64 点</td></tr>
<tr><td colspan="3">步进级数</td><td colspan="4">128 级</td></tr>
<tr><td colspan="3">子程序数</td><td colspan="4">16 个</td></tr>
<tr><td colspan="3">中断程序数</td><td colspan="4">7 个</td></tr>
<tr><td rowspan="13">特殊功能</td><td colspan="2">脉冲捕捉输入</td><td colspan="4" rowspan="2">总共 6 个点(X0 ~ X5)</td></tr>
<tr><td colspan="2">中断输入</td></tr>
<tr><td colspan="2">周期输入</td><td colspan="4">0.5 ms ~ 30 s 间隔</td></tr>
<tr><td colspan="2">定时扫描</td><td colspan="4">有</td></tr>
<tr><td colspan="2">自我诊断功能</td><td colspan="4">如看门狗定时器,程序检查</td></tr>
<tr><td colspan="2">存储器备份</td><td colspan="4">程序、系统寄存器及保持类型数据(内部继电器、数据寄存器和计数器)由 EEPROM 备份</td></tr>
<tr><td rowspan="5">高速计数器功能</td><td>计时器模式</td><td colspan="2">加或减(单用)</td><td colspan="2">双相/单个/方向判断(双相)</td></tr>
<tr><td>输入点数</td><td colspan="2">最多四个通道</td><td colspan="2">最多两个通道(通道 0 和通道 2)</td></tr>
<tr><td>最高计数器速度</td><td colspan="2">对全部四个通道最大 10 kHz</td><td colspan="2">对全部两个通道最大 2 kHz</td></tr>
<tr><td>所用的输入点数</td><td colspan="2">X0、X1、X2、X3、X4、X5</td><td colspan="2">X0、X1、X2、X3、X4、X5</td></tr>
<tr><td>最小输入脉冲宽度</td><td colspan="2">X0、X1、X2 为 50 μs(10 kHz)
X3、X4、X5 为 100 μs(5 kHz)</td><td colspan="2"></td></tr>
<tr><td colspan="2">脉冲输出功能</td><td colspan="2">—</td><td colspan="2">输出点数为 Y0 和 Y1,
频率为 10 ~ 40 Hz</td></tr>
<tr><td colspan="2">PWM 输出功能</td><td colspan="2">—</td><td colspan="2">输出点数为 Y0 和 Y1,
频率为 0.15 ~ 38 Hz</td></tr>
</table>

二、FP0 的内部寄存器及 I/O 配置

在使用 PLC 之前最重要的是要先了解 PLC 的内部寄存器及 I/O 配置情况。内部寄存器分为通用内部寄存器和特殊内部寄存器两种。表 1-3 为 FP0 的内部寄存器配置情况,表 1-4 为 FP0 的特殊内部寄存器一览表,表 1-5 是 FP0 的 I/O 地址分配情况。

表 1-3　FP0 的内部寄存器配置情况

符号	编号	功能
X	X0 ~ X12F	输入寄存器
Y	Y0 ~ Y12F	输出寄存器
R	R0 ~ R62F	通用内部寄存器(继电器)
	R9000 ~ R903F	特殊内部寄存器(继电器)
T	T0 ~ T99	定时器
C	C100 ~ C143	计数器
WX	WX0 ~ WX12	“字”输入寄存器
WY	WY0 ~ WY12	“字”输出寄存器
WR	WR0 ~ WR62	通用“字”寄存器
DT	DT0 ~ DT1659(C10 ~ C16)	通用数据寄存器
	DT0 ~ DT6143(C32)	专用数据寄存器
SV	SV0 ~ SV143	设定值寄存器
EV	EV0 ~ EV143	经过值寄存器
IX	1 个	索引(变址)寄存器
IY	1 个	索引(变址)寄存器
K	K - 32768 ~ K32767	十进制常数寄存器
H	H0 ~ HFFFF	十六进制常数寄存器

表 1-4　FP0 的特殊内部寄存器一览表

位地址	名称	说明
R9000	自诊断标志	错误发生时:ON 正常时:OFF 结果被存储于 DT9000
R9004	I/O 校验异常标志	检测到 I/O 校验异常时:ON
R9007	运算错误标志(保持型)	运算错误发生时:ON 错误发生地址被存储于 DT9017
R9008	运算错误标志(适用型)	运算错误发生时:ON 错误发生地址被存储于 DT9018
R9009	CY:进位标志	有运算进行时:ON 或由移位指令设定
R900A	>标志	比较结果为大于时:ON
R900B	=标志	比较结果为等于时:ON

续表 1-4

位地址	名称	说明
R900C	<标志	比较结果为小于时:ON
R900D	辅助定时器	执行 F137 指令,当设定值递减为 0 值时:ON
R900E	RS422 异常标志	发生异常时:ON
R900F	扫描周期常数异常标志	发生异常时:ON
R9010	常 on 继电器	一直导通
R9011	常 off 继电器	一直断开
R9012	扫描脉冲继电器	每次扫描交替开闭
R9013	运行初期 ON 脉冲继电器	只在第一个扫描周期闭合,从第二个扫描周期开始断开并保持
R9014	运行初期 OFF 脉冲继电器	只在第一个扫描周期断开,从第二个扫描周期开始闭合并保持
R9015	步行初期 ON 脉冲继电器	仅在开始执行步进指令(SSTP)的第一个扫描周期闭合,其余时间断开并保持
R9018	0.01 s 时钟脉冲继电器	以 0.01 s 为周期重复通/断动作,占空比 1:1
R9019	0.02 s 时钟脉冲继电器	以 0.02 s 为周期重复通/断动作,占空比 1:1
R901A	0.1 s 时钟脉冲继电器	以 0.1 s 为周期重复通/断动作,占空比 1:1
R901B	0.2 s 时钟脉冲继电器	以 0.2 s 为周期重复通/断动作,占空比 1:1
R901C	1 s 时钟脉冲继电器	以 1 s 为周期重复通/断动作,占空比 1:1
R901D	2 s 时钟脉冲继电器	以 2 s 为周期重复通/断动作,占空比 1:1
R901E	1 min 时钟脉冲继电器	以 1 min 为周期重复通/断动作,占空比 1:1
R9020	RUN 模式标志	RUN 模式时:ON PROG 模式时:OFF
R9026	信息显示标志	当 F149(MSG)指令执行时:ON
R9027	遥控模式标志	当 PLC 工作方式转为“REMOTE”时:ON
R9029	强制标志	在强制 I/O 点通断操作期间:ON
R902A	外部中断许可标志	在允许外部中断时:ON
R902B	中断异常标志	当中断发生异常时:ON
R9032	选择 RS232 口标志	通过系统寄存器 No.412 设置为使用串联通信时:ON
R9033	打印指令执行标志	F147(PR)指令执行过程中:ON
R9034	RUN 中程序编辑标志	在 RUN 模式下,执行写入、插入、删除时:ON
R9037	RS232C 传输错误标志	传输错误发生时:ON 错误码被存储于 DT9095
R9038	RS232C 接收完毕标志	执行串联通信指令 F144(TRNS) 接收完毕时:ON 接收时:OFF

续表 1-4

位地址	名称	说明
R9039	RS232C 传送完毕标志	执行串联通信指令 F144(TRNS) 传送完毕时:ON 传送请求时:OFF
R903A	高速计数器(CH0)控制标志	当高速计数器被 F166 ~ F170 指令控制时:ON
R903B	高速计数器(CH1)控制标志	当高速计数器被 F166 ~ F170 指令控制时:ON
R903C	高速计数器(CH2)控制标志	当高速计数器被 F166 ~ F170 指令控制时:ON
R903D	高速计数器(CH3)控制标志	当高速计数器被 F166 ~ F170 指令控制时:ON

表 1-5　FP0 的 I/O 地址分配情况

品种			输入编号	输出编号
主控单元		C10RS/C10RM	X0 ~ X5	Y0 ~ Y3
		C14RS/C14RM	X0 ~ X7	Y0 ~ Y5
		C16RS/C16RM	X0 ~ X7	Y0 ~ Y7
		C32T/C32P	X0 ~ XF	Y0 ~ YF
扩展单元	第一扩展	E8R	X20 ~ X23	Y20 ~ Y23
		E16R/E16T/E16P	X20 ~ X27	Y20 ~ Y27
		E32T/E32P	X20 ~ X2F	Y20 ~ Y2F
	第二扩展	E8R	X40 ~ X43	Y40 ~ Y43
		E16R/E16T/E16P	X40 ~ X47	Y40 ~ Y47
		E32T/E32P	X40 ~ X4F	Y40 ~ Y4F
	第三扩展	E8R	X60 ~ X63	Y60 ~ Y63
		E16R/E16T/E16P	X60 ~ X67	Y60 ~ Y67
		E32T/E32P	X60 ~ X6F	Y60 ~ Y6F

注意以下几点:

(1)主控单元的 I/O 分配是固定的。

(2)扩展单元可增加至 3 个。

(3)增加扩展单元时,FP0 主控单元可自动进行 I/O 分配,故不需要设定 I/O 编号。

(4)扩展单元的 I/O 分配是根据安装位置确定的。

(5)可与任何晶体管和继电器扩展单元组合。

三、FP0 的指令系统

FP0 具有丰富的指令系统,达 190 多条。为便于对比记忆,将各种机型使用的指令按大致分类列于表 1-6 中。

表 1-6　FP0 系列指令

分类名称		FP1			FP0
		C14/C16	C24/C40	C56/C72	C32
基本指令	顺序指令	19	19	19	19
	功能指令	7	7	8	10
	控制指令	15	18	18	18
	条件比较指令	0	36	36	36
高级指令	数据传输指令	11	11	11	13
	数据运算及比较指令	36	41	41	41
	数据传换指令	16	26	26	26
	数据移位指令	14	14	14	14
	位操作指令	6	6	6	6
	特殊功能指令	7	18	19	4
总计		131	196	198	187

FP0 的指令系统按照其在手持编程器上的输入方式可分成三类：

第一类是可以直接在键盘上输入的指令，称之为键盘指令。

第二类是键盘上找不到的，输入时须借助“SC”和“HELP”键，称之为非键盘指令。

第三类也是键盘上找不到的，但可通过输入其功能号将其输入，即借助“FN”键加上数字键输入该类指令。这类指令在指令变种时都各自带有功能编号，在显示器上显示为“FN ×××”，其中 N 是功能编号，×××是指令的助记符（助记符无须用户自己输入，输入功能编号后可自动生成）。这类指令称为扩展功能指令。

上述三类指令中，键盘指令和非键盘指令称为基本指令，而扩展功能指令称为高级指令。

思考题

1-1　PLC 主要由哪几个部分组成？简述各部分的主要作用。

1-2　PLC 常用的存储器有哪几种？各有什么特点？用户存储器主要用来存储什么信息？

1-3　什么是扫描周期？其时间长短主要受什么因素的影响？

1-4　试简述 PLC 的工作原理。

1-5　PLC 中的继电器有哪些类型？各有什么作用？

1-6　阐述 PLC 各种编程语言的特点。

项目二 PLC 编程元件和基本逻辑指令应用

编程元件是 PLC 的重要元素,是各种指令的操作对象。基本指令是 PLC 编程应用中最基本的指令,是程序设计的基础。本项目主要介绍松下 FP0 系列 PLC 的基本编程元件和基本逻辑指令及其编程使用。

任务一 三相异步电动机的全压启停控制

一、项目目标

综合应用已学习三相异步电动机的全压启停控制知识和新学习的 PLC 基本指令 ST、ST/、OT、AN、AN/、OR、OR/、ED、SET、RST、KP,设计和调试工作过程的控制程序,从而感受和掌握 PLC 控制系统设计的一般工作流程,掌握 PLC 编程元件的功能、地址编号和编程应用以及基本指令的编程应用。

二、项目准备

(一)项目分析

在电气控制中,对于小型三相异步电动机,一般采取全压启停控制。如图 2-1 所示为继电器 - 接触器控制的电气原理图。按下启动按钮 SB2,其主触点闭合,使电动机全压启动;按下停止按钮 SB1,电动机停止。如何使用 PLC 进行控制呢?

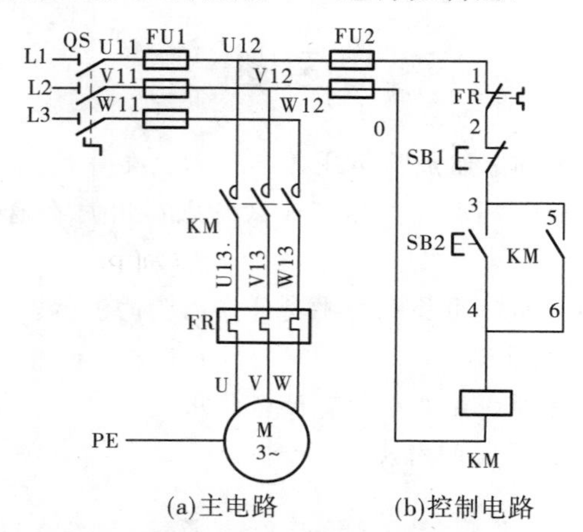

图 2-1 三相异步电动机的全压启停控制电气原理图

用 PLC 进行控制时主电路仍然和图 2-1(a)相同,只是控制电路不一样。首先,选定输入/输出设备,即选定发布控制信号的按钮、开关、传感器、热继电器触点等和选定执行控制任务的接触器、电磁阀、信号灯等;其次,把这些设备与 PLC 对应相连,编制 PLC 程序;最后,运行程序。

正确选择输入/输出设备对于设计 PLC 控制程序、完成控制任务非常关键。一般情况下,一个控制信号就是一个输入设备,一个执行元件就是一个输出设备。选择开关还是按钮,选择按钮的常开触点还是常闭触点,对应的控制程序也不一样。热继电器 FR 触点是电动机的过热保护信号,也应该作为输入设备。

根据继电器 - 接触器控制原理,完成本控制任务需要有启动按钮 SB2 和停止按钮 SB1 两个主令控制信号作为输入设备,有执行元件(接触器)KM 作为输出设备,通过控制电动机主电路的接通和断开,从而控制电动机的启停。

选择好输入/输出设备后,接下来的问题就是如何将它们与 PLC 连接,让输入设备的动作信息传给 PLC,PLC 又如何将运行结果传给外部负载。这需要用到 PLC 的内部要素——编程元件 X、Y。

(二)相关知识——输入/输出继电器、基本逻辑指令(ST、ST/、OT、AN、AN/、OR、OR/、ED、SET、RST)

1. PLC 编程元件(软继电器)

PLC 内部具有许多不同功能的编程元件,如输入继电器、输出继电器、定时器、计数器等,它们不是物理意义上的实物继电器,而是由电子电路和存储器组成的虚拟器件,其图形符号和文字符号与传统继电器符号也不相同,所以又称为软元件或软继电器。每个软元件都有无数对常开/常闭触点,供 PLC 内部编程使用。

不同厂家不同型号的 PLC,编程元件的数量和种类有所不同。FP0 系列 PLC 的线圈图形符号和文字符号如图 2-2 所示。

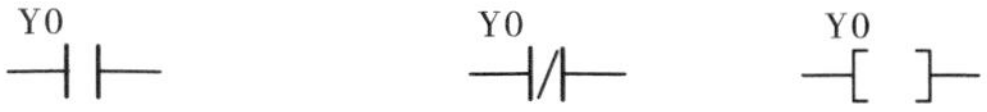

Y0
—| |—

(a)线圈的常开触点

Y0
—|/|—

(b)线圈的常闭触点

Y0
—[ ]—

(c)线圈

图 2-2　FP0 系列 PLC 的线圈图形符号和文字符号

2. 输入继电器(X)

输入继电器是 PLC 专门用来接收外界输入信号的内部虚拟继电器。它在 PLC 内部与输入端子相连,有无数的常开触点和常闭触点,可在 PLC 编程时随意使用。输入继电器不能用程序驱动,只能由输入信号驱动。

FP0 系列 PLC 输入继电器采用八进制编号。FP0 系列 PLC 带扩展最多可达 208 点输入继电器,各单元都采用十六进制的地址,地址范围是 X0 ~ X12F,输入为 X0 ~ XF、X10 ~ X1F、X20 ~ X2F 等。

3. 输出继电器(Y)

输出继电器是 PLC 专门用来将程序执行的结果信号经输出接口电路及输出端子送至控制外部负载的虚拟继电器,它在 PLC 内部直接与输出接口电路相连,有无数的常开触点与闭合触点,可在 PLC 编程时随意使用。输出继电器只能用程序驱动。

FP0 系列 PLC 输出继电器采用十六进制编号。FP0 系列 PLC 带扩展最多可达 208 点输出继电器,其地址范围是 Y0 ~ Y12F,输出为 Y0 ~ YF、Y10 ~ Y1F、Y20 ~ Y2F 等。

4. 选择输入/输出设备,分配 I/O 地址,绘制 I/O 接线图

一个输入设备原则上占用 PLC 一个输入点(Input);一个输出设备原则上占用 PLC 一个输出点(Output)。

对于本控制任务,I/O 地址分配如下:

停止按钮 SB1——X0;

启动按钮 SB2——X1;

FR 触点——X2;

接触器 KM——Y0。

将选择的输入/输出设备(输入设备选择常开触点)和分配好的 I/O 地址一一对应连接,形成 PLC 的 I/O 接线图,如图 2-3 所示。

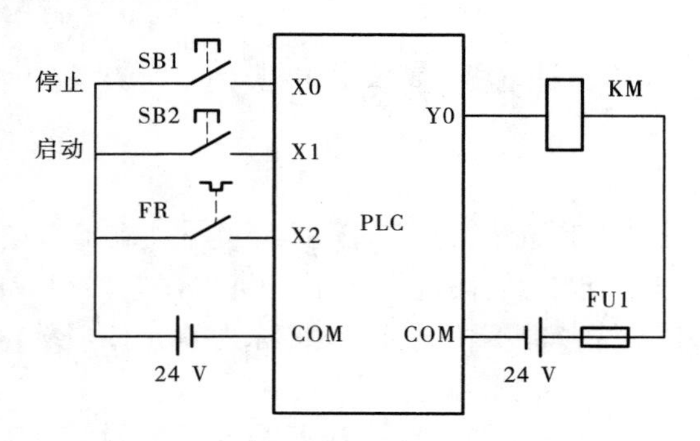

(a)输入端口用热继电器

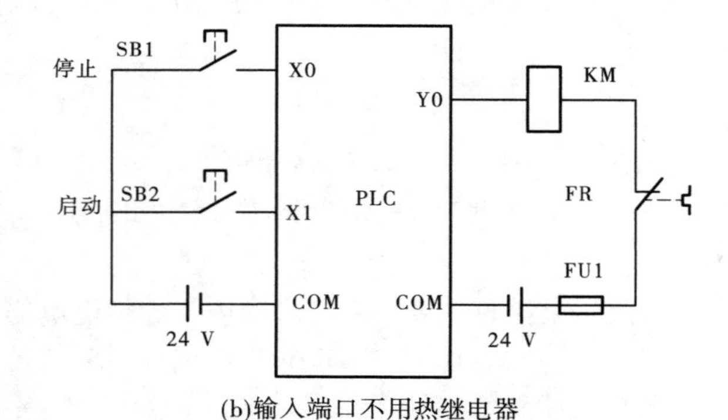

(b)输入端口不用热继电器

图 2-3　三相异步电动机的全压启停控制 PLC 的 I/O 接线图

5. PLC 编程语言

按照上述接线图实施接线后,按下启动按钮 SB2,PLC 如何使输出 KM 线圈通电呢? 这就需要进行 PLC 编程。

PLC 常用的编程语言有梯形图、指令表和顺序功能图、功能块图及结构化文本等。其中,用得较多的是梯形图和指令表。

1)梯形图

梯形图语言沿袭了继电器控制电路的形式,也可以说,梯形图是在常用的继电器 - 接触器逻辑控制基础上简化了符号演变而来的,具有形象、直观、实用的特点,容易被电气技术人员接受,是目前用得最多的一种 PLC 编程语言。

根据如图 2-1 所示的三相异步电动机的全压启停控制电气原理图转化得到如图 2-4 所示的用梯形图语言编写的 PLC 程序。图中左、右母线类似于继电器－接触器控制图中的电源线，输出线圈类似于负载，输入触点类似于按钮。梯形图由若干梯级组成，自上而下排列，每个梯级起于左母线，能流经触点——线圈，止于右母线。

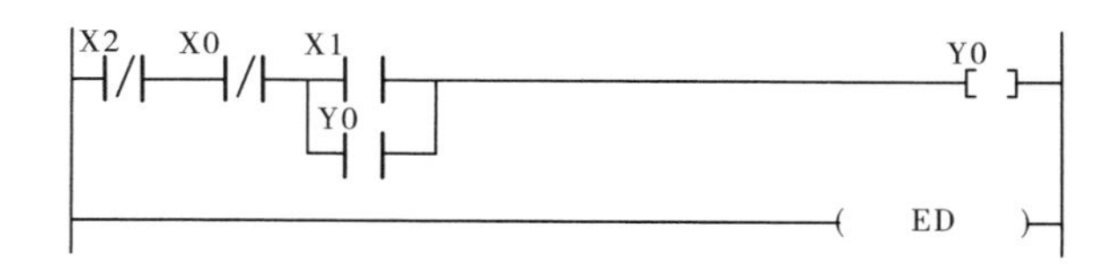

图 2-4　三相异步电动机的全压启停控制梯形图

优化程序，减少步数，进而减少占用 PLC 的内存，优化后梯形图如图 2-5 所示。

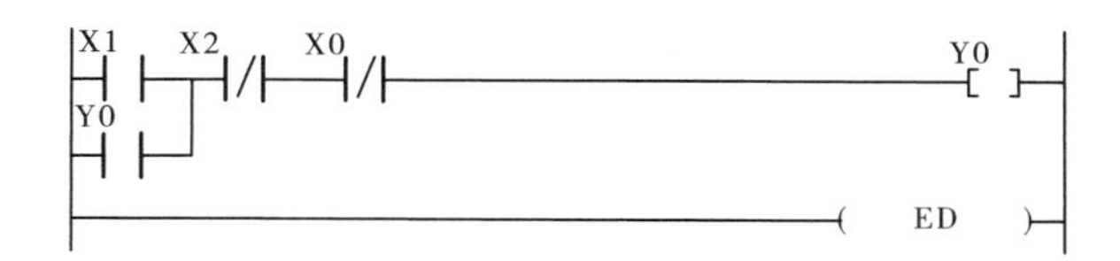

图 2-5　三相异步电动机的全压启停控制优化后梯形图

2）指令表

这种编程语言是与计算机汇编语言类似的助记符编程方式。与图 2-5 所示梯形图相对应的 PLC 指令表，如图 2-6 所示。

步序号	指令助记符	操作元件号
0	ST	X1
1	OR	Y0
2	ANI	X2
3	ANI	X1
4	OT	Y0
5	ED	

图 2-6　三相异步电动机的全压启停控制优化后指令表

6. FP0 系列 PLC 基本指令

要使用指令语言编写 PLC 控制程序，就必须熟悉 PLC 的基本逻辑指令。

1）ST、ST/（Start、Start Not）指令

功能：ST 指令的作用是以常开触点从左母线开始一个逻辑运算。

ST/指令的作用是以常闭触点从左母线开始一个逻辑运算。

操作元件有 X、Y、R、T、C。

2）OT（Out）指令

功能：OT 指令的作用是将运算结果输出到指定线圈。

操作元件有 Y、R。

程序示例见表 2-1。

表 2-1　ST、ST/、OT 指令应用

梯形图程序	布尔形式			
	地址	指令		
0 X0 Y0 开始 输出 2 X0 Y1 开始 输出	0	ST	X	0
	1	OT	Y	0
	2	ST/	X	0
	3	OT	Y	1

时序图示例如图 2-7 所示。

当 X0 闭合时，Y0 为 ON。

当 X0 断开时，Y1 为 ON。

图 2-7　ST、ST/、OT 指令应用时序图

3) AN、AN/(AND、AND Not) 指令

功能：AN 指令的作用是串联一个常开触点。

AN/指令的作用是串联一个常闭触点。

在程序中它们可以连续使用，将若干个触点串在一起。

程序示例见表 2-2。

表 2-2　AN、AN/ 指令应用

梯形图程序	布尔形式			
	地址	指令		
0 X0 X1 X2 Y0 逻辑与　逻辑与非	0	ST	X	0
	1	AN	X	1
	2	AN/	X	2
	3	OT	Y	0

时序图示例如图 2-8 所示。

当 X0 和 X1 均闭合且 X2 断开时，Y0 为 ON。

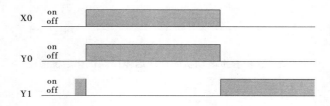

AN 和 AN/指令可依次连续使用，如图 2-9 所示。

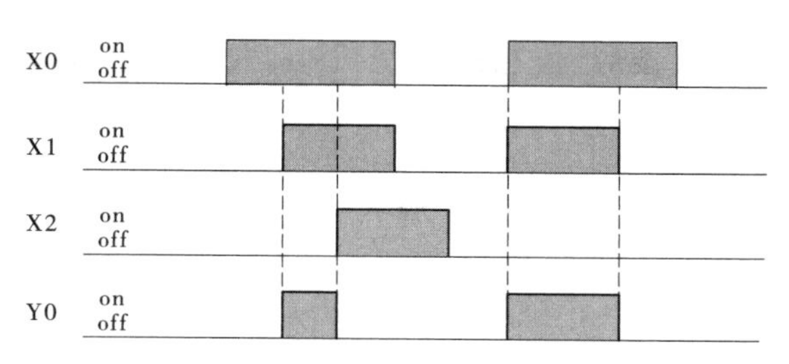

图 2-8 AN、AN/指令应用时序图

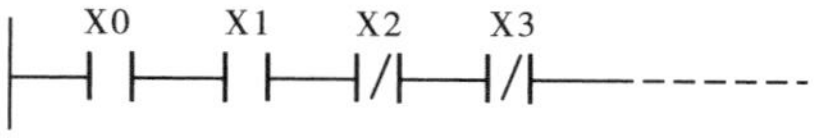

X0 X1 X2 X3

图 2-9 AN 和 AN/指令连续使用

4) OR、OR/(OR、OR Not)指令

功能:OR 指令的作用是并联一个常开触点。

OR/指令的作用是并联一个常闭触点。

在程序中它们可以连续使用,将若干个触点并在一起。

程序示例见表 2-3。

时序图示例如图 2-10 所示。

当 X0 或 X1 之一闭合,或 X2 断开时,Y0 为接通。

OR 指令由母线开始(分支接点处也可用)。

OR 和 OR/指令可依次连续使用,如图 2-11 所示。

表 2-3 OR、OR/指令应用

梯形图程序	布尔形式			
	地址	指令		
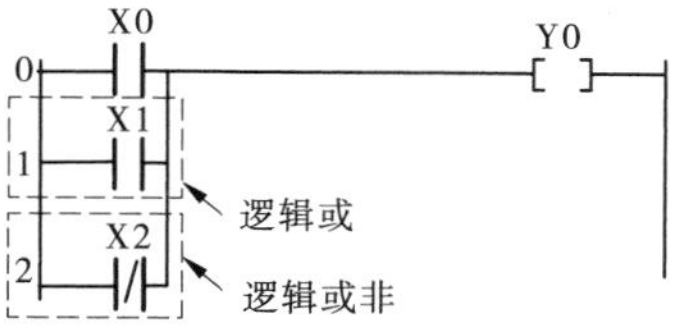 X0, Y0, X1, X2, 逻辑或, 逻辑或非 (0, 1, 2)	0	ST	X	0
	1	OR	X	1
	2	OR/	X	2
	3	OT	Y	0

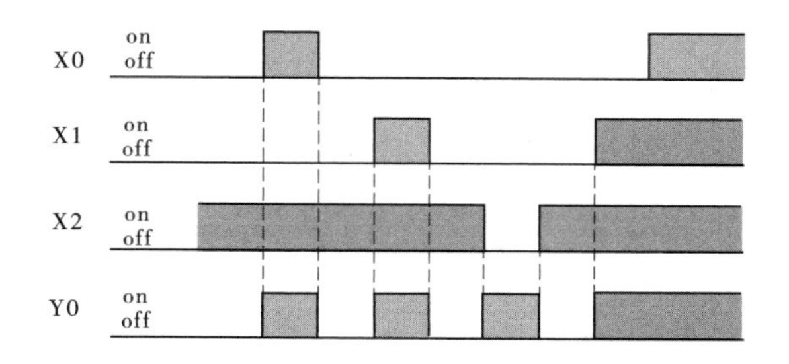

图 2-10 OR、OR/指令应用时序图

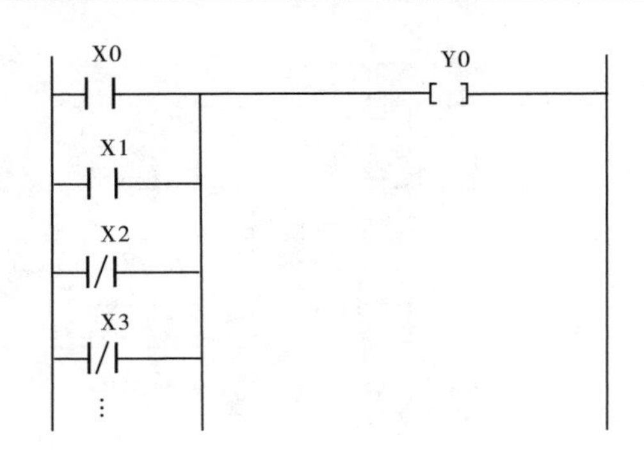

图 2-11　OR、OR/指令连续使用

5) ED 结束指令

功能:放在全部程序结束处,程序运行时执行第一步至 ED 之间的程序。

三、项目实施

(一)编制三相异步电动机全压启动的梯形图

根据继电器－接触器控制原理,三相异步电动机全压启停控制的梯形图如图 2-5 所示。按下启动按钮 SB2,通过输入端子使继电器 X1 得电,梯形图中 X1 常开触点闭合,使输出继电器 Y0 接通并自锁,通过输出端子使执行元件 KM 线圈得电,电动机启动运行;按下停止按钮 SB1,X0 得电,梯形图中 X0 常闭触点动作,使 Y0 断电,从而使 KM 断电,电动机停止工作。如果电动机过载,热继电器触点 FR 动作,也会切断 Y0,使电动机停止工作。这个梯形图就是典型的启保停电路。

(二)编写电动机全压启动的指令表

根据上述梯形图,写出对应的指令表,如图 2-6 所示。

(三)程序调试

用普通微型计算机或手持编程器均可输入程序进行调试。用微型计算机调试时,使用配套的编程软件。

(四)外围接线

按照图 2-3(a)所示的 I/O 接线图,接好各信号线、电源线以及通信电缆后,写入程序便可以观察运行效果。如果与控制要求不符,先看 PLC 的输入/输出端子上相应的信号指示是否正确,若信号指示正确,就说明程序是对的,需要检查外部接线是否正确、负载电源是否正常工作等。若 PLC 的输入/输出端子信号指示不正确,就需要检查和修改程序。

四、知识拓展——常闭触点的输入信号处理、置位 SET/复位 RST 指令、KP(Keep)指令

(一)常闭触点的输入信号处理

PLC 输入端口可以与输入设备不同类型的端点连接,但不同的触点类型设计出的梯形图程序不一样,如图 2-12 所示。

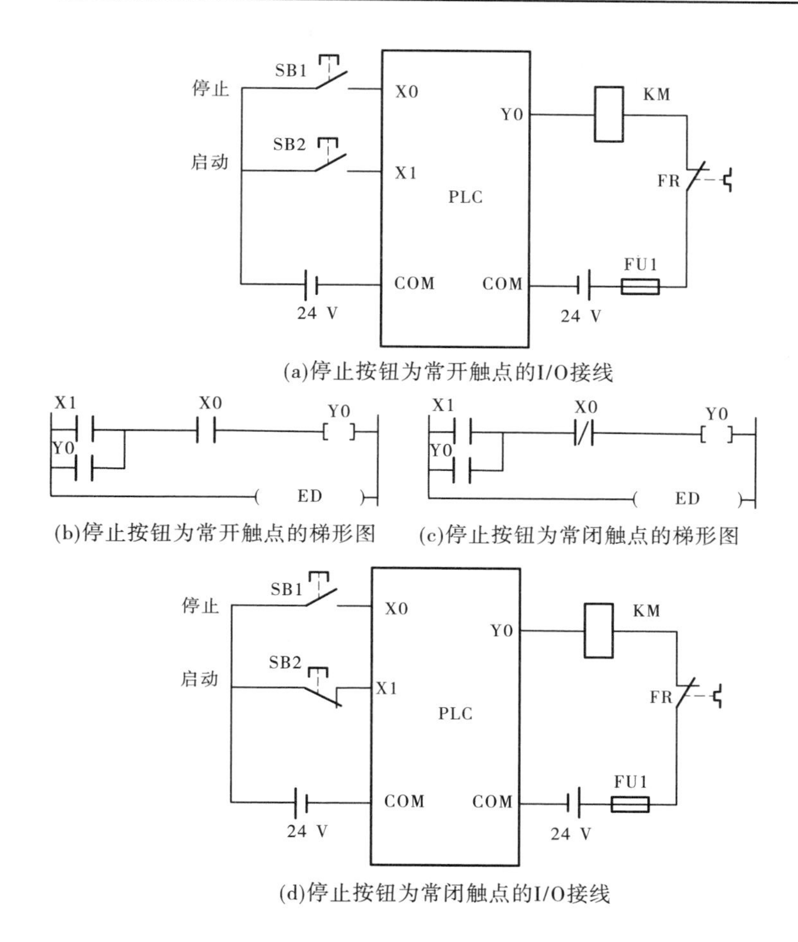

图2-12 按钮常开常闭触点在梯形图中的处理

(1)PLC外部的输入触点可以接常开触点,也可以接常闭触点。接常闭触点时,梯形图中的触点状态与继电器-接触器控制图中的状态相反。

(2)教学中PLC的输入触点经常使用常开触点,以便于进行原理分析。但是在实际控制中,停止按钮、限位开关及热继电器等使用常闭触点,以提高工作可靠性和安全保障。

(3)为了节省成本,应尽量少占用PLC的I/O点,因此有时也将FR常闭触点串接在其他常闭输入或负载输出回路中。

(二)置位SET/复位RST指令

功能:SET使操作元件置位(接通并自保持),RST使操作元件复位。当SET和RST信号同时接通时,写在后面的指令有效。

程序示例见表2-4。

时序图示例如图2-13所示。

当X0闭合时,Y0为ON并保持ON。

当X1闭合时,Y0为OFF并保持OFF。

表 2-4　SET/RST 指令应用

梯形图程序	布尔形式			
	地址	指令		
X0 置位 Y0 (S)	0	ST	X	0
	1	SET	Y	0
X1 Y0 (R) 复位	2	ST	X	1
	3	RST	Y	0

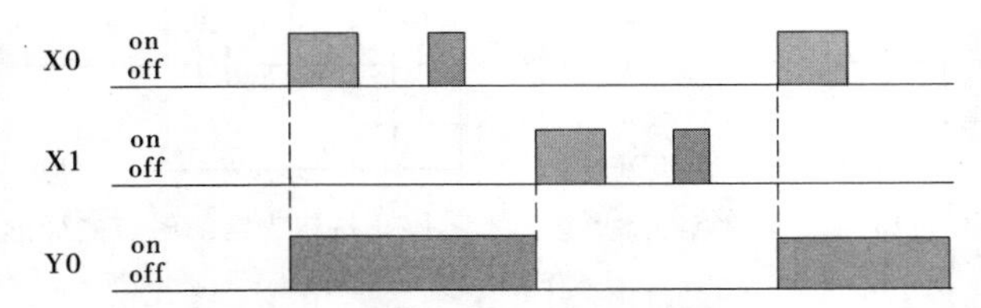

图 2-13　SET/RST 指令应用时序图

【试试看】　用置位复位指令设计三相异步电动机启停控制的梯形图和指令表，如图 2-14 所示。

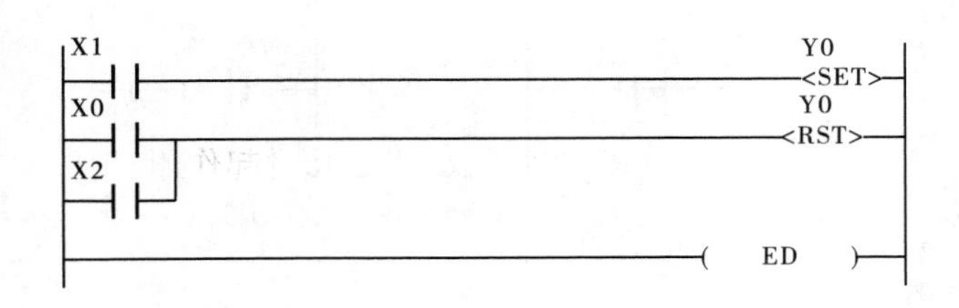

(a)梯形图

步序号	指令助记符	操作元件
0	ST	X1
1	SET	Y0
2	ANI	X2
3	ST	X0
4	OR	X2
5	RST	Y0
6	ED	

(b)指令表

图 2-14　用置位复位指令设计三相异步电动机启停控制的梯形图和指令表

(三) KP(Keep) 指令

功能：根据置位或复位的输入信号进行输出，并且保持该输出状态。S 端与 R 端相比，R 端的优先权高。

程序示例，见表 2-5。

表 2-5 KP 指令应用

梯形图程序	布尔形式			
	地址	指令		
0 X0 置位输入；1 X1 复位输入；KP R 0	0	ST	X	0
	1	ST	X	1
	2	KP	R	0

时序图示例如图 2-15 所示。

当 X0 闭合时，输出继电器 R0 变为 ON 并保持 ON 状态。

当 X1 闭合时，R0 变为 OFF 并保持 OF 状态。

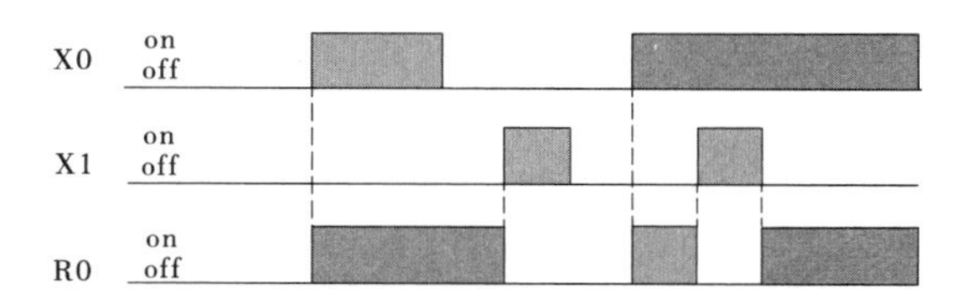

图 2-15 KP 指令应用时序图

该指令与 SET、RST 一样，也是只在前面触点上升沿时起作用，不同之处是，SET、RST 允许输出重复使用，而 KP 指令则不允许。

五、项目评价

(1)学生讨论。

(2)总结。

①学习认识松下 FPWIN GR 编程软件和手写编程器。

②使用编程软件编写基本指令 ST、ST/、OT、AN、AN/、OR、OR/、ED、SET、RST，学会其应用。

③根据控制要求，确定输入输出点数，分配输入输出地址编号。

④由继电器－接触器控制线路转化为 PLC 的梯形图，对梯形图进行优化处理。

⑤调试程序，检查常开触点和常闭触点在软件中的运行状态是否符合实际。

(3)思考与练习。

【试试看】 如图 2-3(a)、(b)所示，试分别给出启停控制的梯形图及指令表，比较有什么不同。

【试试看】 试用 KP 指令实现电动机启停控制。

【试试看】 如图 2-16 所示，试用 PLC 实现顺序控制。

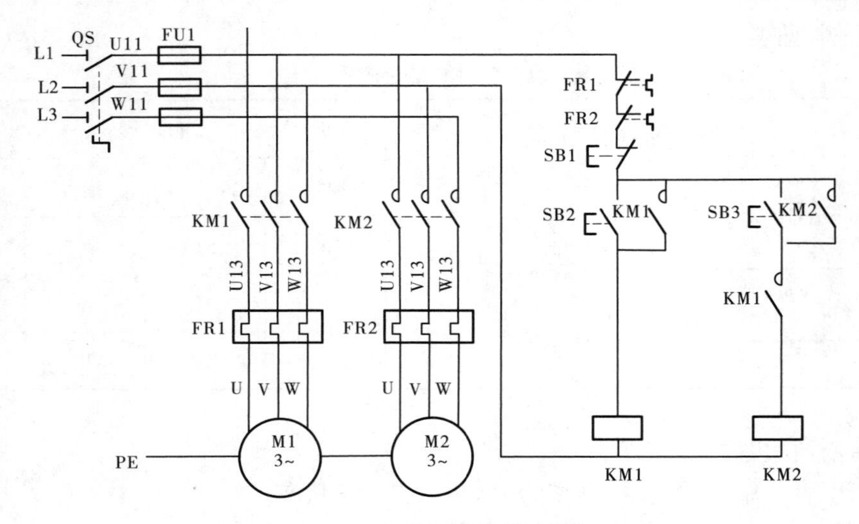

图 2-16　两台电动机顺序控制

任务二　三相异步电动机的正反转控制

一、项目目标

综合应用已学习三相异步电动机的正反转控制知识和新学习的 PLC 基本指令 ANS、ORS、PSHS、RDS、POPS 、MC、MCE,设计和调试工作过程的控制程序,从而感受和掌握 PLC 控制系统设计的一般工作流程,掌握 PLC 编程元件的功能、地址编号、编程应用以及基本指令的编程应用。

二、项目准备

(一)项目分析

如图 2-17 所示为三相异步电动机的正反转控制电气原理图。按下正转启动按钮 SB2,电动机正向启动运行;按下反转启动按钮 SB3,电动机反向启动运行;按下停止按钮 SB1,电动机停止运行。为了确保 KM1、KM2 不会同时接通导致主电路短路,控制电路中采用了接触器 KM1、KM2 常闭触点互锁装置。

采用 PLC 进行控制是按以下步骤进行的。

1. 选择输入/输出设备,分配 I/O 地址,绘制 I/O 接线图

输入部分:X0——SB1(停止按钮,接常开触点);

X1——SB2(正转启动);

X2——SB3(反转启动);

X3——FR(热继电器常闭触点)。

输出部分:Y1——KM1(正转接触器);

Y2——KM2(反转接触器)。

根据分配的 I/O 地址,绘制 I/O 接线图,如图 2-18 所示。图中 PLC 外部负载输出回路

中串入了KM1、KM2的互锁触点，其作用在于即使在KM1、KM2线圈故障的情况下也能确保KM1、KM2不同时接通。

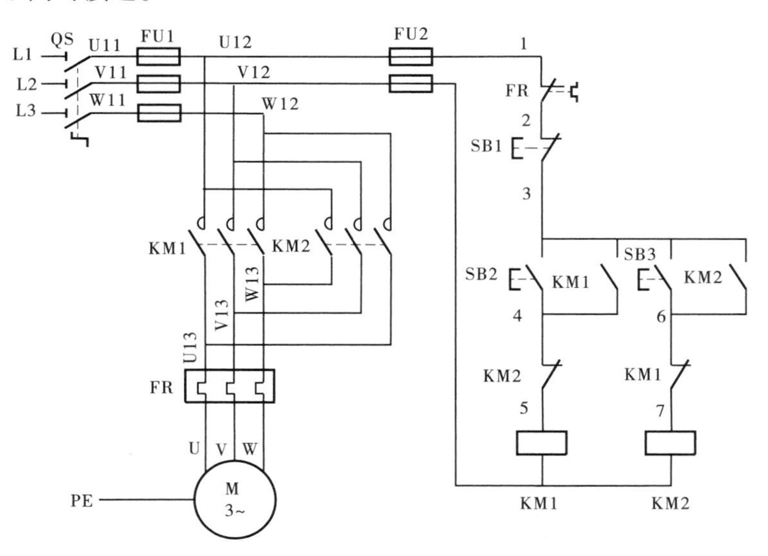

图2-17　三相异步电动机的正反转控制电气原理图

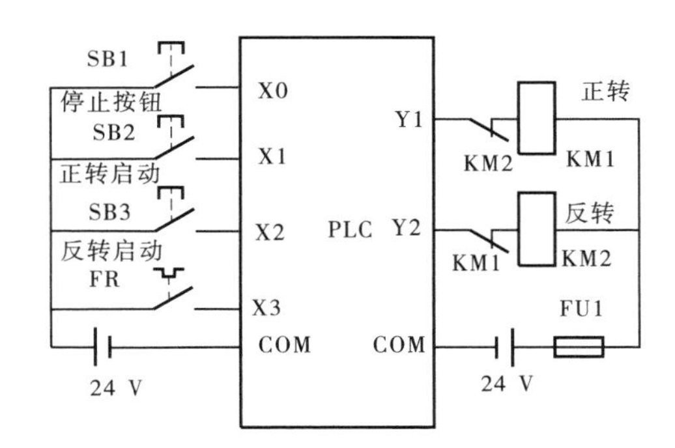

图2-18　三相异步电动机的正反转控制I/O接线图

2. 设计PLC控制程序

根据图2-17三相异步电动机的正反转控制电气原理图转化得到梯形图语言编写的PLC程序。设计电动机的正反转梯形图和指令表，如图2-19所示。梯形图中常闭触点X3和常闭触点X0串联后同时对线圈Y1和Y2都有控制作用，如何编写其指令表呢？

优化程序，减少步数，进而减少占用PLC的内存，如图2-20所示。

（二）相关知识——PLC基本指令ANS、ORS、PSHS、RDS、POPS、MC、MCE

1. ANS、ORS（AND stack、OR stack）指令

功能：ANS指令的作用是两个触点组串联（组与）。

ORS指令的作用是两个触点组并联（组或）。

其程序的书写顺序是，先用ST、OR、AN指令分别构成各自的触点组，再用ANS或ORS指令将它们串联或并联起来。

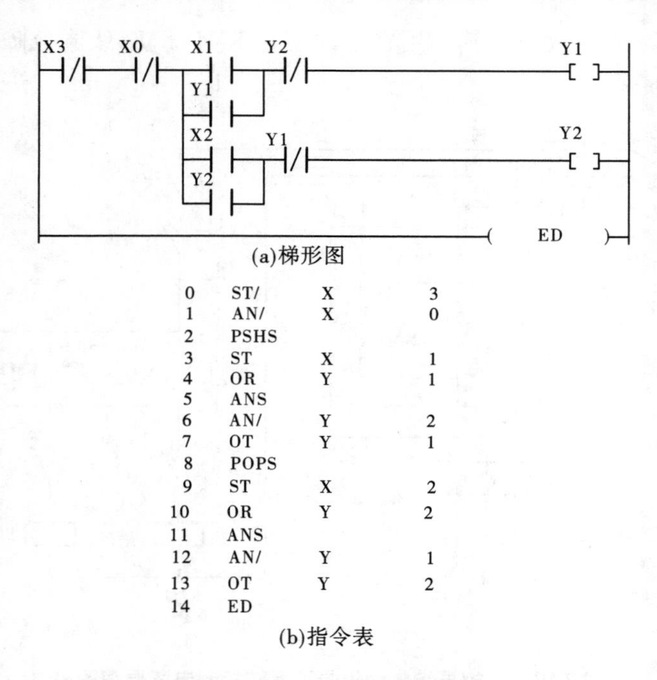

(a)梯形图

0	ST/	X	3
1	AN/	X	0
2	PSHS		
3	ST	X	1
4	OR	Y	1
5	ANS		
6	AN/	Y	2
7	OT	Y	1
8	POPS		
9	ST	X	2
10	OR	Y	2
11	ANS		
12	AN/	Y	1
13	OT	Y	2
14	ED		

(b)指令表

图 2-19　三相异步电动机的正反转控制梯形图和指令表

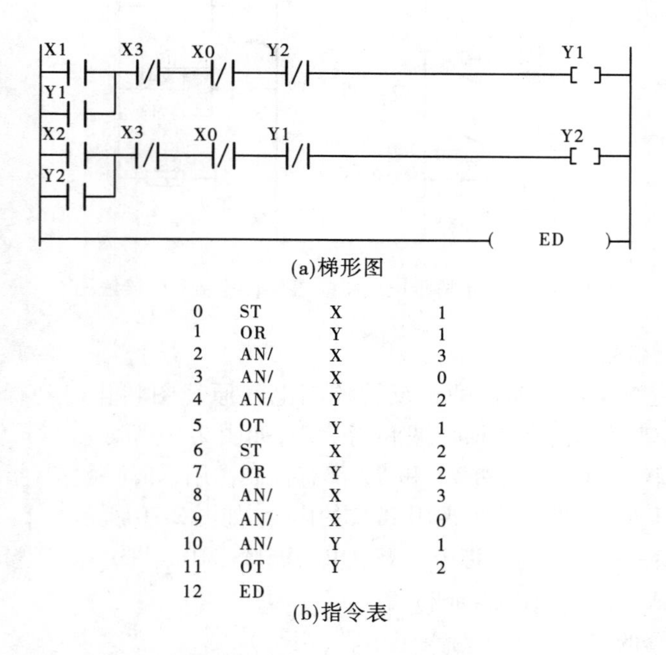

(a)梯形图

0	ST	X	1
1	OR	Y	1
2	AN/	X	3
3	AN/	X	0
4	AN/	Y	2
5	OT	Y	1
6	ST	X	2
7	OR	Y	2
8	AN/	X	3
9	AN/	X	0
10	AN/	Y	1
11	OT	Y	2
12	ED		

(b)指令表

图 2-20　优化后三相异步电动机的正反转控制梯形图和指令表

ANS 指令应用示例见表 2-6。

表 2-6　ANS 指令应用

梯形图程序	布尔形式			
	地址	指令		
	0	ST	X	0
	1	OR	X	1
	2	ST	X	2
	3	OR	X	3
	4	ANS		
	5	OT	Y	0

时序图示例如图 2-21 所示。

当 X0 或 X1 闭合,并且 X2 或 X3 闭合时,Y0 为 ON。

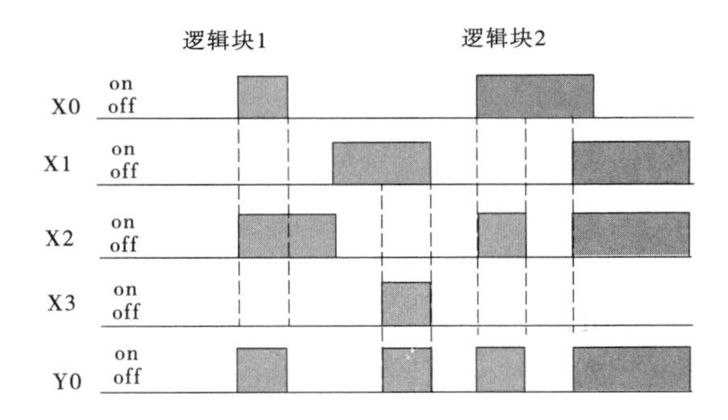

图 2-21　ANS 指令应用时序图

ORS 指令应用示例见表 2-7。

表 2-7　ORS 指令应用

梯形图程序	布尔形式			
	地址	指令		
	0	ST	X	0
	1	AN	X	1
	2	ST	X	2
	3	AN	X	3
	4	ORS		
	5	OT	Y	0

时序图示例如图 2-22 所示。

当 X0 和 X1 都闭合,或 X2 和 X3 都闭合时,Y0 为 ON。

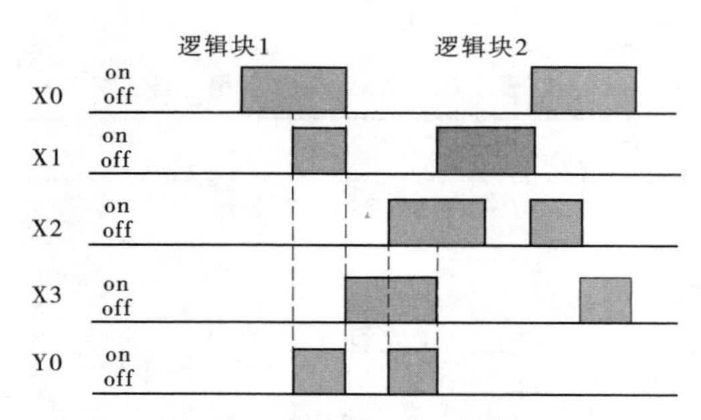

图 2-22　ORS 指令应用时序图

2. PSHS、RDS、POPS(Push stack、Read stack、Pop stack)指令

功能：

PSHS:压入堆栈。将该指令以前的运算结果存储起来。

RDS:读取堆栈。读出由 PSHS 指令存储的运算结果。

POPS:弹出堆栈。读出并清除由 PSHS 指令存储的运算结果。

这是一组对分支形式的梯形图进行编程的指令,统称堆栈指令。它们必须按照规定的先后次序配套使用。

程序示例见表 2-8。

表 2-8　PSHS、RDS、POPS 指令应用

梯形图程序	布尔形式			
	地址	指令		
0; X0; X1; Y0; 压入堆栈; X2; Y1; 读取堆栈; X3; Y2; 弹出堆栈	0	ST	X	0
	1	PSHS		
	2	AN	X	1
	3	OT	Y	0
	4	RDS		
	5	AN	X	2
	6	OT	Y	1
	7	POPS		
	8	AN/	X	3
	9	OT	Y	2

时序图示例如图 2-23 所示。

当 X0 闭合时,由 PSHS 指令保存之前的运算结果,并且当 X1 闭合时,Y0 为 ON。

由 RDS 指令来读取 PSHS 所保存的运算结果,并且当 X2 闭合时,Y1 为 ON。

由 POPS 指令来读取 PSHS 所保存的运算结果,并且当 X3 断开时,Y2 为 ON。同时清除由 PSHS 指令存储的运算结果。

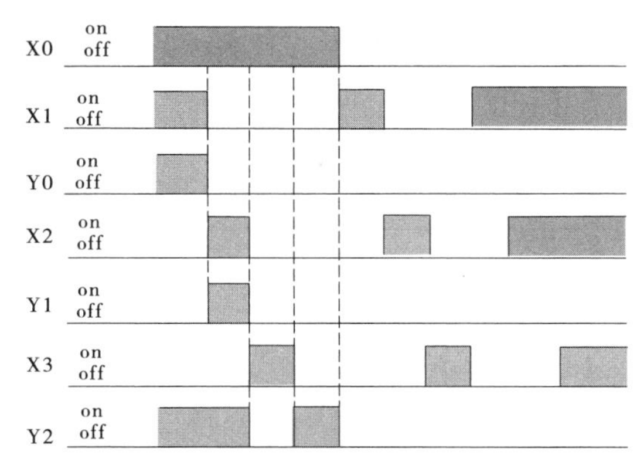

图 2-23 PSHS、RDS、POPS 指令应用时序图

编程时注意：一个运算结果可以存储到内存中，而且可以被读取并用于多重处理。

PSHS(存储运算结果)：由本条指令存储运算结果，并且继续执行下一条指令。

RDS(读取运算结果)：读取由 PSHS 指令所存储的运算结果，并且利用此结果从下一步起继续运算。

POPS(复位运算内容)：读取由 PSHS 指令所存储的运行结果，并且利用此结果从下一步起继续运算。同时还要清除由 PSHS 指令存储的运算结果。

上述这些指令用于由某个触点产生的、后接其他一个或多个触点的分支结构。

可通过连续使用 RDS 指令继续重复使用同一结果。

在最后时，必须使用 POPS 指令，如图 2-24 所示。

RDS 指令可重复使用任意次数，如图 2-25 所示。

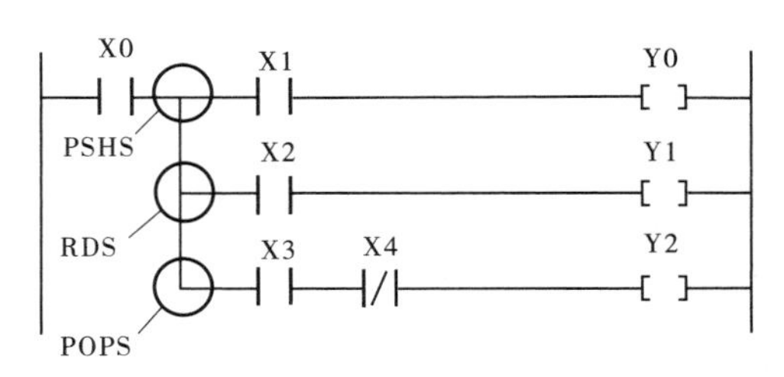

图 2-24 POPS 指令应用

有关连续使用 PSHS 指令时的注意事项：PSHS 指令可连续使用的次数有一定限制。在出现下一条 POPS 指令之前，可连续使用 PSHS 指令的次数如表 2-9 所示。

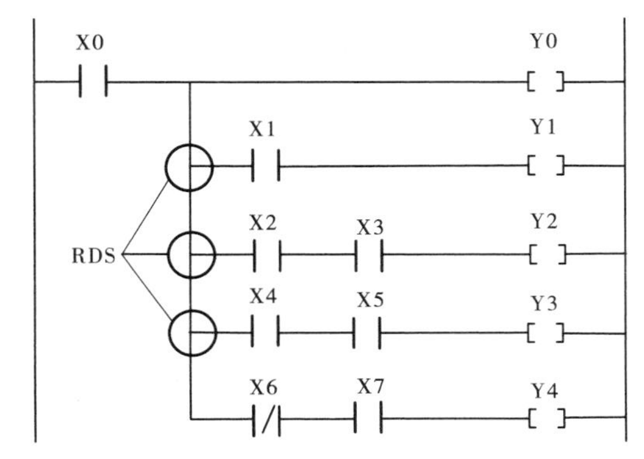

图 2-25 RDS 指令应用

表 2-9　连续使用 PSHS 指令的次数

类型	连续使用次数
FP－M,FP0,FP1	最多 8 次
FP－C,FP2,FP2SH,FP3,FP10SH	最多 7 次

三、项目实施

(一)编制电动机正反转控制的梯形图程序

根据继电器－接触器控制原理,电动机正反转控制的梯形图如图 2-19(a)所示。按下正转启动按钮 SB2,通过输入端子使继电器 X1 得电,梯形图中 X1 常开触点闭合,使输出继电器 Y1 接通并自锁,通过输出端子使执行元件 KM1 线圈得电,电动机启动正转运行;按下停止按钮 SB1,X0 得电,梯形图中 X0 常闭触点动作,使 Y1 断电,从而使 KM1 断电,电动机停止工作。如果电动机过载,热继电器触点 FR 动作,也会切断 Y1,使电动机停止工作。按下反转启动按钮 SB3,通过输入端子使继电器 X2 得电,梯形图中 X2 常开触点闭合,使输出继电器 Y2 接通并自锁,通过输出端子使执行元件 KM2 线圈得电,电动机启动反转运行;按下停止按钮 SB1,X0 得电,梯形图中 X0 常闭触点动作,使 Y2 断电,从而使 KM2 断电,电动机停止工作。如果电动机过载,热继电器触点 FR 动作,也会切断 Y2,使电动机停止工作。这个梯形图就是典型的正反转控制电路。

(二)编写电动机全压启动的指令表程序

根据上述梯形图,写出对应的指令表,如图 2-19(b)所示。

(三)程序调试

用普通微型计算机或手持编程器均可输入程序进行调试。用微型计算机调试时,使用配套的编程软件。

(四)外围接线

根据图 2-17 所示的主电路,以及如图 2-18 所示的 I/O 接线图,接好外部接线,输入用堆栈指令编写的电动机正反转的控制程序,进行运行调试,处理故障,观察结果,写出总结。

注意:采用直流电源＋24 V 接线方式。

四、知识拓展——主控触点指令 MC/MCE

功能:用于公共触点的连接。当驱动 MC 的信号接通时,执行 MC 与 MCE 之间的指令;当驱动 MC 的信号断开时,OT 指令驱动的元件断开,SET/RST 指令驱动的元件保持当前状态。

MC/MCE 指令的用法示例如图 2-26 所示。

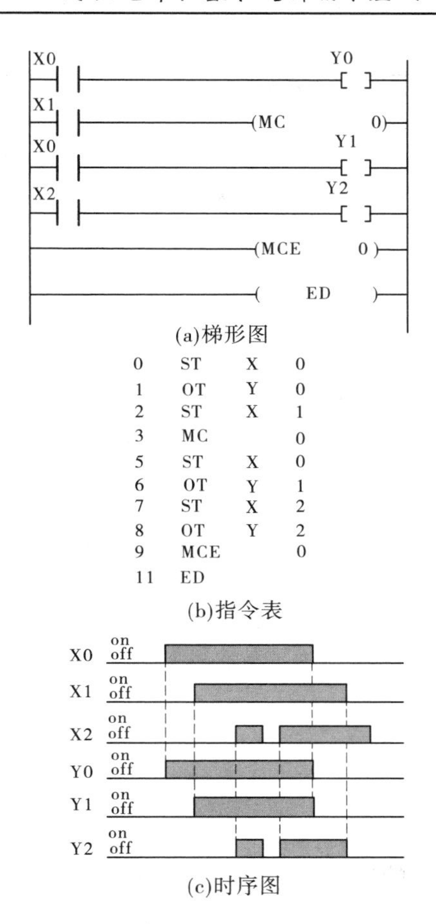

图 2-26 MC/MCE 指令的用法

注意事项如下:

(1)主控 MC 触点与母线垂直,紧接在 MC 触点之后的触点用 ST/STI 指令。

(2)MC 与 MCE 必须成对使用,且编号相同。

(3)主控嵌套最多可以为 8 层。

五、项目评价

(1)学生讨论。

(2)总结。

①使用编程软件编写 PLC 基本指令 ANS、ORS、PSHS、RDS、POPS 、MC、MCE,学会其应用方法。

②根据控制要求,确定输入输出点数,分配输入输出地址编号。

③由继电器-接触器控制线路转化为 PLC 的梯形图,对梯形图进行优化处理。

④灵活应用 AN 和 ANS、OR 和 ORS 指令。

⑤按照"能流"的方式,调试程序,处理 PLC 外围输入输出与电源的关系,并写出处理故障的过程。

(3)思考与练习。

【思考】 如果正反转控制 I/O 分配如下：

输入部分：X1——SB1(停止按钮，接常开触点)；X2——SB2(正转启动)；X3——SB3(反转启动)；X4——FR(热继电器常闭触点)。

输出部分：Y3——KM1(正转接触器)；Y2——KM2(反转接触器)。

试设计出梯形图。

【试试看】 用主控指令编写电动机正反转的指令表。

任务三　三相异步电动机的 Y/△降压启动控制

一、项目目标

通过教师与学生的互动合作完成三相异步电动机的 Y/△降压启动控制的设计和调试；通过教师的点拨、指导、答疑和学生的思考、设计、现场调试，完成任务。继续感受和体会 PLC 控制设计的一般工作流程，熟练使用 PLC 现场程序调试方法，掌握定时器 TM 和内部辅助继电器 R 的编程应用。

二、项目准备

(一)项目分析

如图 2-27 所示为三相异步电动机的 Y/△降压启动控制的继电器－接触器控制原理图。按下启动按钮 SB2，交流接触器 KM1、KM3 线圈得电，三相异步电动机“Y”型启动，时间继电器 KT 线圈得电并自保，延时(比如 30 s)后交流接触器 KM3 线圈失电，同时交流接触器 KM2 线圈得电，三相异步电动机“△”型运行。按下停止按钮 SB1，电动机停止运行。延时继电器 KT 使电动机完成延时启动任务，进而降低启动电流。用 PLC 进行控制时怎样完成这一任务呢？这要用到 PLC 的定时器 TM。

采用 PLC 进行控制是按以下步骤进行的。

1. 选择输入/输出设备，分配 I/O 地址，绘制 I/O 接线图

根据本控制任务，要实现三相异步电动机的 Y/△降压启动控制，只需要选择发送控制信号的启动、停止按钮和传送热过载信号的 FR 常闭触点作为 PLC 的输入设备，选择接触器 KM1、KM2、KM3 作为 PLC 输出设备控制电动机，构成“Y”和“△”的主电路即可。时间控制功能由 PLC 内部元件(TM)完成，不需要外部考虑。根据选定的输入/输出设备分配 PLC 地址如下：

输入部分：X0——SB1 启动按钮；
　　　　　X1——SB2 停止按钮；
　　　　　X2——FR 热继电器。

输出部分：Y0——接触器 KM1；
　　　　　Y1——接触器 KM2；
　　　　　Y2——接触器 KM3。

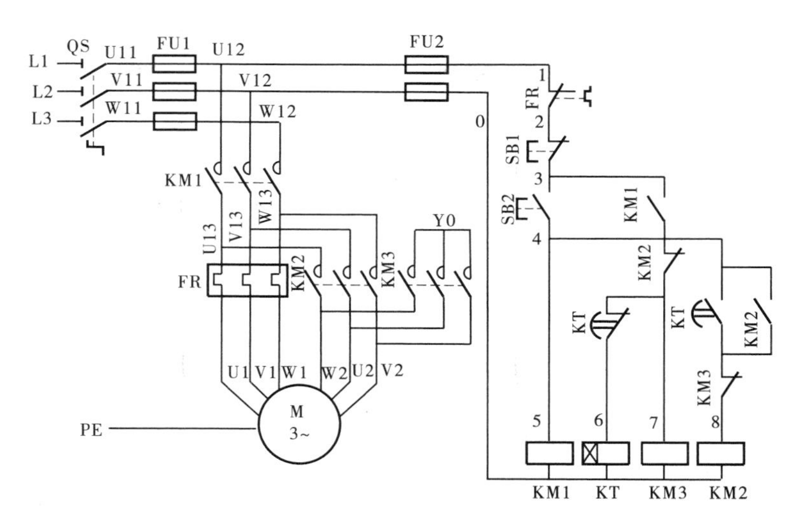

图 2-27　三相异步电动机的 Y/△降压启动控制电气原理图

2. 设计 PLC 控制程序

根据上述分配的地址，绘制 I/O 接线图，如图 2-28(a)所示。根据图 2-27 三相异步电动机的 Y/△降压启动控制电气原理图转化得到梯形图语言编写的 PLC 程序。设计三相异步电动机 Y/△降压启动梯形图，如图 2-28(b)所示。

优化程序，减少步数，进而减少占用 PLC 的内存，如图 2-29 所示。

(二)相关知识——定时器 TM、辅助继电器 R

1. FP0 系列 PLC 的编程元件——定时器 TM

定时器在 PLC 中的作用相当于一个时间继电器，它有一个设定值寄存器(字)、一个当前值(字)、一个线圈以及无数个触点(位)，可用于定时操作，具有延时接通或断开电路的作用。

定时器指令梯形图格式如图 2-30 所示。

书写格式：ST　　X0

　　　　　TML　　0

　　　　　K　　300

其中，0 表示定时器的编号；K 表示定时器所定时间。

定时器按定时时钟分为以下四种类型：

TM L——定时时钟为 0.001 s；

TM R——定时时钟为 0.01 s；

TM X——定时时钟为 0.1 s；

TM Y——定时时钟为 1 s。

在 FP0 型 PLC 中初始定义有 100 个定时器，编号为 T0 ~ T99。通过系统寄存器 No.5 可重新设置定时器的个数。

在同一个程序中，相同序号的定时器只能使用一次，而该定时器的触点可以通过常开或常闭触点的形式被多次引用。

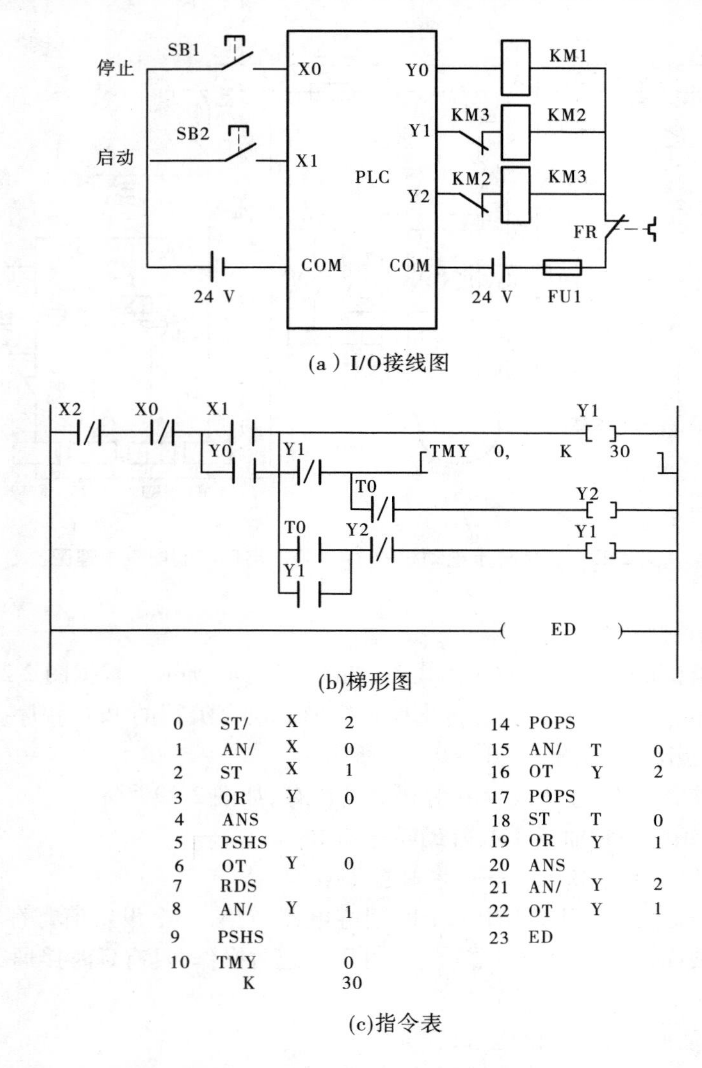

(a) I/O接线图

(b)梯形图

0	ST/	X	2	14	POPS		
1	AN/	X	0	15	AN/	T	0
2	ST	X	1	16	OT	Y	2
3	OR	Y	0	17	POPS		
4	ANS			18	ST	T	0
5	PSHS			19	OR	Y	1
6	OT	Y	0	20	ANS		
7	RDS			21	AN/	Y	2
8	AN/	Y	1	22	OT	Y	1
9	PSHS			23	ED		
10	TMY		0				
	K		30				

(c)指令表

图 2-28 使用 PLC 三相异步电动机 Y/△降压启动控制

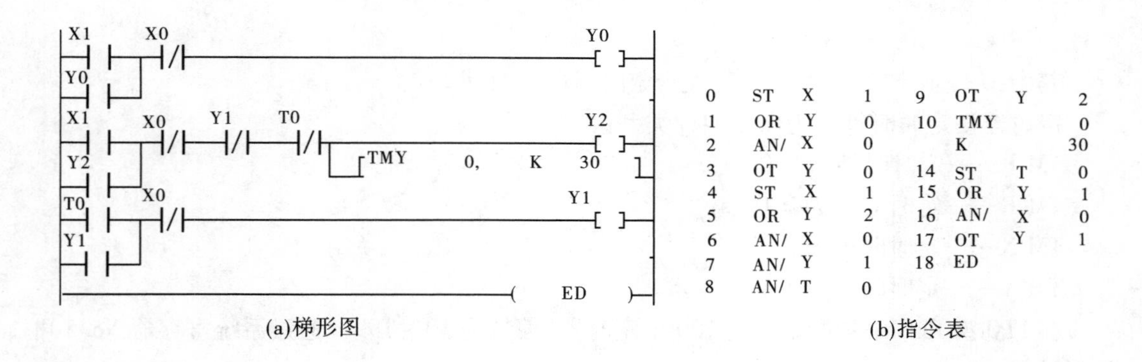

0	ST	X	1	9	OT	Y	2
1	OR	Y	0	10	TMY		0
2	AN/	X	0		K		30
3	OT	Y	0	14	ST	T	0
4	ST	X	1	15	OR	Y	1
5	OR	Y	2	16	AN/	X	0
6	AN/	X	0	17	OT	Y	1
7	AN/	Y	1	18	ED		
8	AN/	T	0				

(a)梯形图 (b)指令表

图 2-29 优化后三相异步电动机 Y/△降压启动控制

图 2-30 定时器指令梯形图格式

定时器的设定值即为时间常数，它只能是十进制数或 SV。其范围是 1 ~ 32 767 内的任意值。在编程格式中时间常数前要加一个大写字母"K"。定时器的定时时间等于时间常数乘以该定时器的定时时钟，如"TML0 K7000""TMX1 K70"以及"TM Y2 K7"的定时时间均相等，为 7 s。

定时器的设定值和过程值会自动存入相同序号的专用寄存器 SV 和 EV 中，因此可通过查看同一序号的 SV、EV 内容来监控该定时器的工作情况。每个 SV、EV 为一个字，即 16 位存储器。

因为定时器在定时过程中需持续接通，所以在程序中，定时器的输入触点后面不能串微分指令。

定时器工作原理：定时器为减 1 计数。当程序进入运行状态后，输入触点接通瞬间定时器开始工作，先将设定值寄存器 SV 的内容装入经过值寄存器 EV 中，然后开始计数。每过一个时钟脉冲，经过值减 1，直至 EV 中内容减为 0，该定时器各对应触点开始动作，常开触点闭合、常闭触点断开。而当输入触点断开时，定时器复位，对应触点恢复原来状态，且 EV 清零，但 SV 不变。若在定时器未达到设定时间时断开其输入触点，则定时器停止计时，其经过值寄存器被清 0，且定时器对应触点不动作，直至输入触点再接通，重新开始定时。

定时器应用举例：现以如图 2-31(a)所示的梯形图为例，说明通用定时器的工作原理和过程。当驱动线圈的信号 X0 接通时，定时器 TML0 的当前值为 300 ×0. 001 s，以 0. 001 s 单位脉冲开始计数，达到设定值 300 个脉冲时，T0 的输出触点动作，使输出继电器 Y0 接通并保持，即输出是在驱动线圈后的 0.3 s(0. 001 s ×300 = 0. 3 s)时动作。当驱动线圈的信号 X0 断开或发生停电时，通用定时器 T0 复位(触电复位，当前值为 0)，输出继电器 Y0 断开。当 X0 第二次接通时 T0 又开始重新定时，如果计时时间小于 0. 3 s(0. 001 s ×300 = 0. 3 s)，T0 触点不会动作，Y0 也不会接通。

2. FP0 系列 PLC 的辅助继电器 R

辅助继电器在 PLC 内部，不能直接输入、输出，但经常用作状态暂存、中间运算等。辅助继电器也有线圈和触点，其常开触点和常闭触点可以无限次在程序中使用，但不能直接驱动外部负载，外部负载的驱动必须由辅助继电器进行。

辅助继电器采用字母 R 表示，并以十六进制地址编号。辅助继电器按用途分为以下几类。

1)通用辅助继电器

FP0 中的通用辅助继电器共 1 008 个，地址范围 R0 ~ R62F。可以单个使用，形式如 R0、R3B 等，也可以由 16 个组成一个单元使用，形式如 WR0、WR15 等。

2)特殊辅助继电器

特殊辅助继电器也叫专用内部继电器，每一个都有专门的用途，这类继电器只能单独使

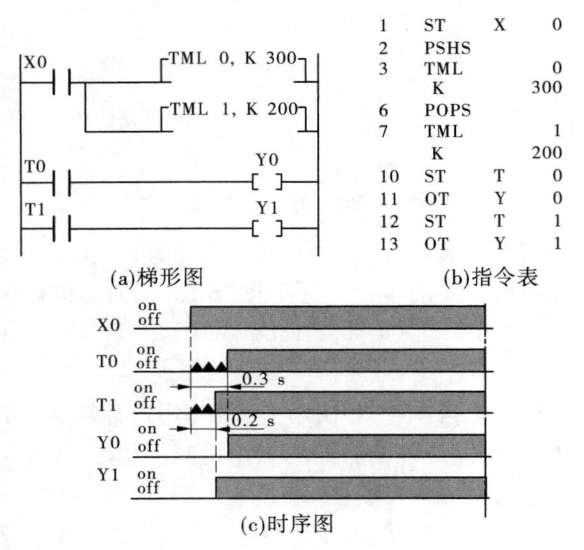

(a)梯形图 (b)指令表

(c)时序图

图 2-31　定时器应用举例

用,且只能使用触点,不能使用线圈,地址范围 R9000 ~ R903F。辅助继电器应用举例如图 2-32 所示(时序图见图 2-31(c))。

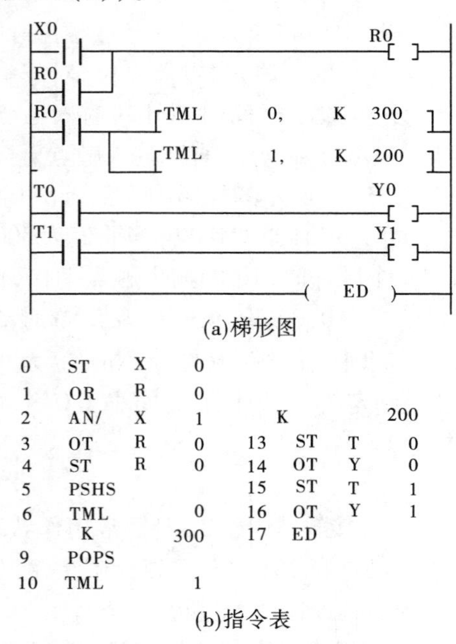

(a)梯形图

(b)指令表

图 2-32　辅助继电器应用举例

三、项目实施

(一)编制三相异步电动机 Y/△降压启动控制的梯形图

根据继电器 - 接触器控制原理,三相异步电动机 Y/△降压启动控制的梯形图如图 2-28(b)所示。按下启动按钮 SB2,通过输入端子使继电器 X1 得电,梯形图中 X1 常开触点闭合，使输出继电器 Y0、Y2 接通并自锁，通过输出端子使执行元件 KM1、KM3 线圈得电，电动机 Y 型启动；经过一段时间 T，Y2 断电，从而使 KM3 断电，同时使输出继电器 Y1 接通并自锁，通过输出端子使执行元件 KM2 线圈得电，电动机△型运行；按下停止按钮 SB1，X0 得电，梯形图中 X0 常闭触点动作，使 Y0、Y2 断电，从而使 KM1、KM2 断电，电动机停止工作。这个梯形图就是典型的 Y/△降压启动控制电路。

（二）编写电动机全压启动的指令表

根据上述梯形图，写出对应的指令表，如图 2-28（c）所示。

（三）程序调试

用普通微型计算机或手持编程器均可输入程序进行调试。用微型计算机调试时，使用配套的编程软件。

（四）外围接线

按照图 2-28（a）所示接好输入输出端口导线，输入程序（见图 2-28（b）或图 2-29（a）），调试程序，处理故障，观察运行结果。

四、知识拓展——关于定时器应用及其他功能

（一）振荡电路（脉冲电路）

如图 2-33（a）所示的梯形图是由定时器实现的振荡电路，当 X0 接通时，Y0 以 1 s 周期闪烁变化（如果 Y0 是蜂鸣器，则停 0.5 s，响 0.5 s，交替进行），时序图如图 2-33（c）所示。改变 T0、T1 的设定值，就可以调整脉冲宽度。

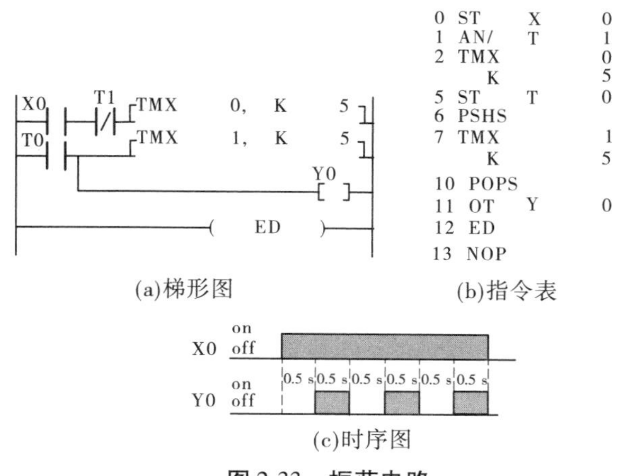

(a)梯形图 (b)指令表

(c)时序图

图 2-33 振荡电路

（二）其他功能

关于定时器指令的其他事项：

（1）在定时器工作期间，如果定时器的输入信号断开，则运行中断，定时器复位。

（2）定时器预置区是定时器预置时间的存储区。

（3）当经过值区 EV 中的数据减到 0 时，定时器触点接通。

（4）每个 EV、SV 为一个字，即 16 位存储器区，并且对应着一个定时器号。

（5）在定时器工作期间，如果 PLC 失电或者工作方式由 RUN 切换到 PROG，则定时器复位。

(6)定时器操作是在定时器扫描期间执行的,因此使用定时器时,应保证 TM 指令在每个扫描周期只能扫描一次(在使用 INT、JP、LOOP 指令时要注意)。

(7)定时器可以串联使用,也可以并联使用。串联使用时,第二个定时器在第一个定时器计到 0 时开始定时;并联使用时,可以按不同的时间去控制不同的对象。

五、项目评价

(1)学生讨论。

(2)总结。

①使用编程软件编写定时器 TM 和内部辅助继电器 R 指令,并学会灵活应用。

②根据控制要求,确定输入输出点数,分配输入输出地址编号。

③由继电器 - 接触器控制线路转化为 PLC 的梯形图,对梯形图进行优化处理。

④调试程序,在线监控调试,并写出处理故障的过程。

(3)思考与练习。

【思考】　①若将图 2-28 中的 T0 换成 TML0,设定值 K 应是多少? ②定时器线圈的驱动信号(图 2-31 中的 X0)为长信号,若 X0 的外部设备是按钮,该如何处理? 这就需要用到 PLC 的内部编程元件——辅助继电器 R。

【思考讨论】　设计路灯的控制程序。要求:每晚 7 时由工作人员按下按钮 X0,点亮路灯 Y0,次日凌晨按下按钮 X1 停止。应特别注意的是,如果夜间出现意外停电,则要求恢复来电后继续点亮路灯。

【试试看】　六盏灯单通循环控制。要求:按下启动按钮 X0,六盏灯(Y0 ~ Y5)依次循环显示,每盏灯亮 1 s。按下停止按钮 X1,灯全灭。

任务四　洗手间的冲水清洗控制

一、项目目标

通过教师与学生的互动合作完成洗手间的冲水清洗控制的设计和调试;通过教师的点拨、指导、答疑和学生的思考、设计、调试,进而学会基本指令 DF、DF/。继续感受和体会 PLC 程序设计的工作流程,培养工程素质和综合能力,体验解决实际问题的过程,学会解决实际问题的方法。

二、项目准备

(一)项目分析

某宾馆洗手间的控制要求为:当有人进去时,光电开关使 X0 接通,3 s 后 Y0 接通,使控制水阀打开,开始冲水,时间为 2 s;使用者离开后,再一次冲水,时间为 3 s。

根据本项目的控制要求,可以画出时序图,如图 2-34 所示。

从时序图上看出,有人进去一次(X0 每接通一次)则输出 Y0 要接通两次。X0 接通后延时 3 s,Y0 第一次接通,这用定时器就可以实现。然后当人离开(X0 的下降沿到来)时 Y0 第二次接通,且前后两次接通的时间长短不一样,分别是 2 s 和 3 s。这需要用到 PLC 的边

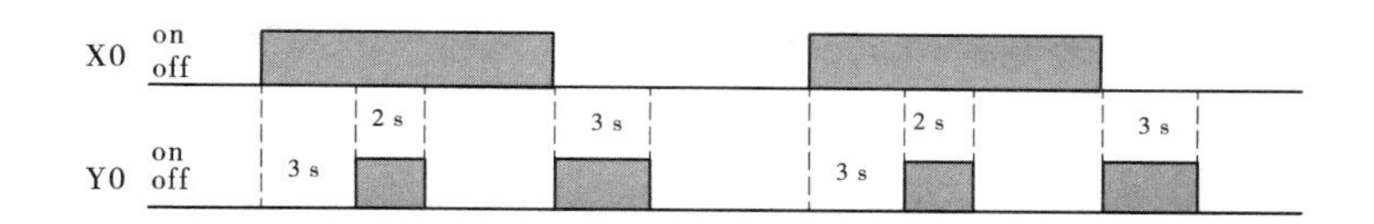

图 2-34　洗手间的冲水清洗控制输入输出时序图

沿指令或微分指令 DF 和 DF/。

(二)相关知识 ——上升沿和下降沿微分指令 DF 和 DF/(**脉冲输出指令**)

上升沿和下降沿微分指令 DF 和 DF/,也称为脉冲输出指令。

功能:当驱动信号的上升沿和下降沿到来时,操作元件接通一个扫描周期。如图 2-35 所示,当输入 X0 的上升沿到来时 Y0 接通一个扫描周期,其余时间不论 X0 是接通还是断开,Y0 都断开。同样,当输入 X1 的下降沿到来时,Y1 接通一个扫描周期,然后断开。

程序示例见表 2-10。

表 2-10　DF 和 DF/指令应用

<table>
<tr><th rowspan="2">梯形图程序</th><th colspan="4">布尔形式</th></tr>
<tr><th>地址</th><th colspan="3">指令</th></tr>
<tr><td rowspan="6">上升沿微分
0 X0 (DF) Y0 [ ]
3 X1 (DF/) Y1 [ ]
下降沿微分</td><td>0</td><td>ST</td><td>X</td><td>0</td></tr>
<tr><td>1</td><td>DF</td><td></td><td></td></tr>
<tr><td>2</td><td>OT</td><td>Y</td><td>0</td></tr>
<tr><td>3</td><td>ST</td><td>X</td><td>1</td></tr>
<tr><td>4</td><td>DF/</td><td></td><td></td></tr>
<tr><td>5</td><td>OT</td><td>X</td><td>1</td></tr>
</table>

时序图示例如图 2-35 所示。

在检测到 X0 的上升沿(OFF→ON)时,Y0 仅 ON 一个扫描周期。

在检测到 X1 的下降沿(ON→OFF)时,Y1 仅 ON 一个扫描周期。

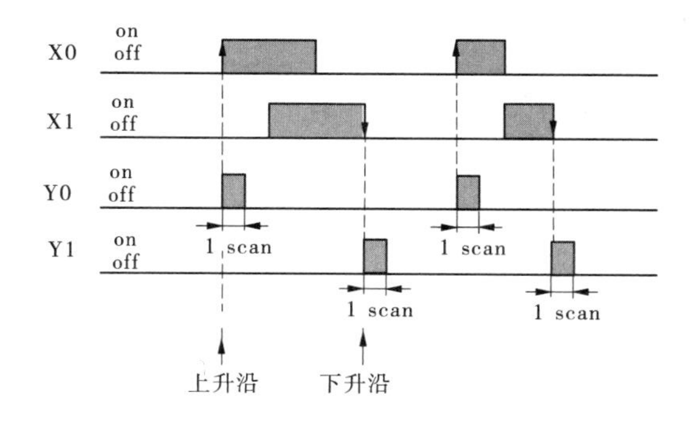

图 2-35　DF 和 DF/指令应用时序图

三、项目实施

（一）选择输入/输出设备，分配 I/O 地址，绘制 I/O 接线图

根据本控制任务，要实现洗手间的冲水清洗控制要求，需要输入设备光电开关、紧急停止按钮，输出设备水阀。根据选定的输入/输出设备分配 PLC 地址如下：

输入部分：X0——光电开关；

X1——紧急停止按钮 SB。

输出部分：Y0——水阀 YA。

I/O 接线图如图 2-36 所示。

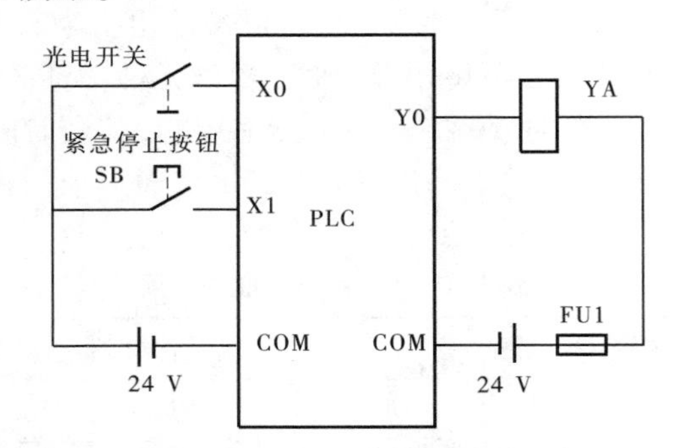

图 2-36　洗手间的冲水清洗控制 I/O 接线图

（二）外围接线

根据洗手间的冲水清洗控制 I/O 接线图连接成实物图。

（三）程序设计

设计洗手间的冲水清洗控制程序时，可以分别采用 DF 和 DF/指令作为 Y0 第一次接通前的开始定时信号和第二次开通的启动信号。同一编号的继电器线圈不能在梯形图中两次出现，否则称为“双线圈输出”，是违反梯形图设计规则的，所以 Y0 前后两次接通要用辅助继电器 R10 和 R15 进行过渡和记录，再将 R10 和 R15 的常开触点并联后驱动 Y0 输出，如图 2-37 所示。

R0 和 R1 都是微分短信号，要使用定时器正确定时，就必须设计成启保停电路。而 PLC 的定时器只有延时触点而没有瞬时触点。因此，用 R0 驱动辅助继电器 R2 接通并自锁，给 TMX0 接通 3 s 提供长信号保证，再通过 R10 将输出 Y0 接通。同样，R15 也是供 TMX2 完成 3 s 定时的辅助继电器，而且通过 R15 将 Y0 第二次接通。根据题意分析得出梯形图。

（四）程序调试

用普通微型计算机或手持编程器均可输入程序进行调试。用微型计算机调试时，使用配套的编程软件。把如图 2-37 所示的梯形图或指令表写入 PLC，进行运行调试，处理故障，观察结果，写出总结。

四、知识拓展——DF 和 DF/指令应用

如图 2-38 所示，用 DF 指令实现二分频电路，在第一个输入脉冲信号 X0 到来时，R0 接通一个扫描周期。因为第三行还未执行，CPU 执行第二行时，常开触点 Y0 仍然断开，R1 为 OFF，其常闭触点闭合。执行第三行时，输出继电器接通并保持。当第二个输入脉冲 X0 到

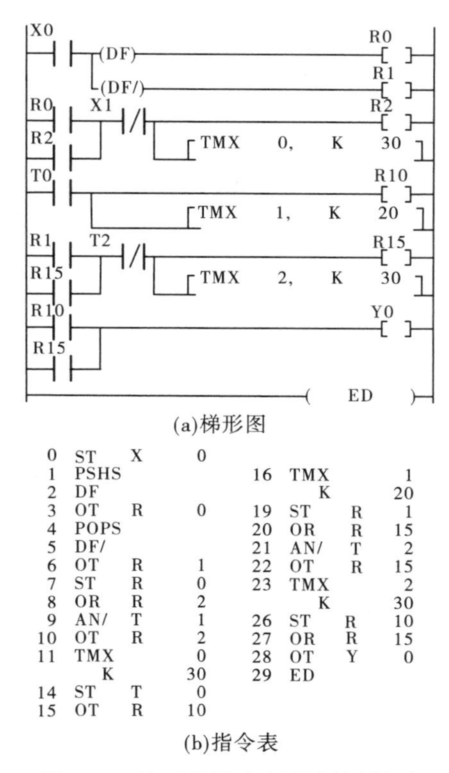

(a)梯形图

0	ST	X	0				
1	PSHS			16	TMX		1
2	DF				K		20
3	OT	R	0	19	ST	R	1
4	POPS			20	OR	R	15
5	DF/			21	AN/	T	2
6	OT	R	1	22	OT	R	15
7	ST	R	0	23	TMX		2
8	OR	R	2		K		30
9	AN/	T	1	26	ST	R	10
10	OT	R	2	27	OR	R	15
11	TMX		0	28	OT	Y	0
	K		30	29	ED		
14	ST	T	0				
15	OT	R	10				

(b)指令表

图 2-37 洗手间的冲水清洗控制程序

来,执行第二行时,常开触点 Y0 已接通,R1 为 ON。执行第三行时,虽有触发脉冲 R0,因常闭触点 R1 已断开,输入继电器变为 OFF,其时序图如图 2-38(b)所示,即输出 Y0 对输入 X0 二分频。

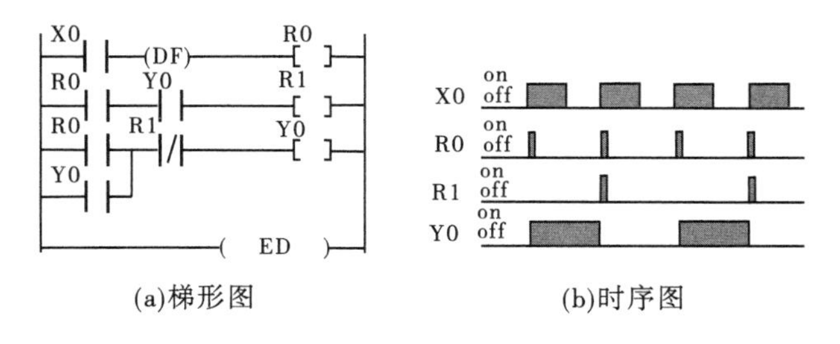

(a)梯形图 (b)时序图

图 2-38 分频电路

五、项目评价

(1)学生讨论。

(2)总结。

①使用编程软件编写指令 DF 和 DF/,并学会灵活应用。

②根据控制要求,确定输入输出点数,分配输入输出地址编号。

③根据控制要求,使用内部辅助继电器 R 记录不同的状态,由内部辅助继电器 R 驱动输出继电器 Y。

④调试程序，在线监控调试，并写出处理故障的过程。

(3)思考与练习。

【思考】 图 2-37(a)中能不能不用 R0 和 R1，直接用 X0 使 TMX0 定时 30 s 后再接通 Y0?

【试试看】 用边沿检测指令设计单按钮实现电动机的控制和洗手间的冲水清洗控制。

任务五　进库物品的统计监控

一、项目目标

通过教师与学生的互动合作完成进库物品的统计监控的设计和调试；通过教师的点拨、指导、答疑和学生的思考、设计、调试，进而学会基本指令 CT。继续感受和体会 PLC 程序设计的工作流程，培养工程素质和综合能力，体验解决实际问题的过程，学会解决实际问题的方法。

二、项目准备

(一)项目分析

有一个小型仓库，需要对每天存放进来的货物进行统计：当货物数量达到 150 件时，仓库监控室的红灯亮；当货物数量达到 200 件时，仓库监控室的绿灯亮。

本控制任务的关键是要对进库物品进行统计计数。解决的思路是在进库口设置传感器检测是否有物品进库，然后对传感器检测信号进行计数。这需要用到 PLC 的另一编程元件——计数器 CT。

(二)相关知识——计数器 CT

以 FP0 系列 PLC 的计数器 CT 为例进行说明。

计数器是 PLC 的重要内部元件，在 CPU 执行扫描操作时对内部元件 X、Y、R、T、C 的信号进行计数。

CT 是计数器指令，它的梯形图格式如图 2-39 所示。

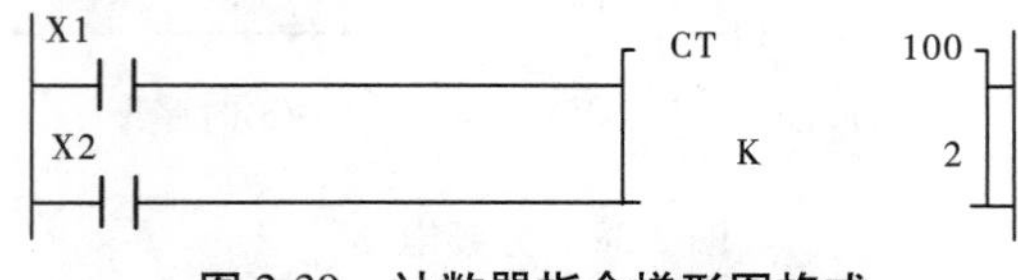

图 2-39　计数器指令梯形图格式

书写格式：ST　　X1

　　　　　ST　　X2

　　　　　CT　　100

　　　　　K　　　2

其中，100 表示计数器的编号；2 表示计数器所计的数值。

具体说明如下：

(1)FP0 型 PLC 初始设置计数器为 C100 ~ C143，序号可用系统寄存器重新设置。设置时注意 TM 和 CT 序号前后错开。同时,程序中相同序号的计数器只能使用一次,而对应的常开触点和常闭触点可使用无数次。

(2)计数器有两个输入端,即时钟端(CP)和复位端(R),分别由两个输入触点控制(见图 2-39)。时钟脉冲和复位脉冲均为上升沿起作用,R 端比 CP 端优先权高。

(3)计数器的设置值即为计数器的初始值,与定时器一样,该值只能是 1~32 767 中的任意十进制数,书写时前面一定要加“K”字母。同样,计数器的设定值和经过值也用同一序号的 SV 和 EV 来存放。

(4)计数器为减 1 计数,每来一个时钟计数器减 1(上升沿有效),直至减为 0 时计数器各对应触点开始动作。其动作顺序如下:

程序一旦进入“运行”方式,计数器就自动进入初始状态,此时 SV 的值被自动装入 EV。此后时钟输入端触点(X)每接通一次,计数器(EV)减 1,直至 EV 中的内容减为 0 时,对应的常开触点闭合,常闭触点断开。

计数器应用举例如图 2-40 所示。

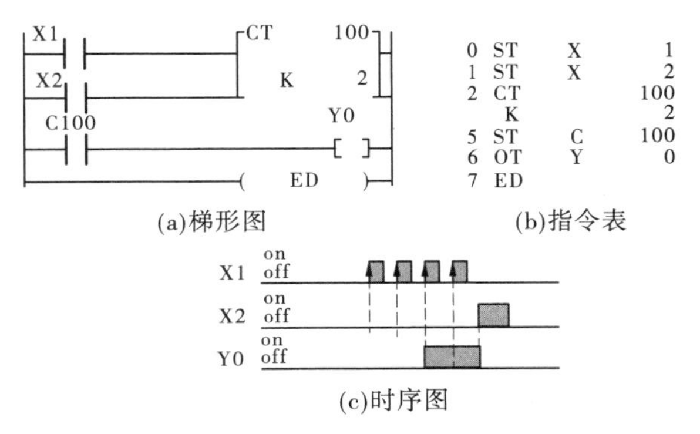

(a)梯形图 (b)指令表

(c)时序图

图 2-40 计数器应用举例

注意:复位端(X2)接通,计数器清 0(EV100 = 0),触点(C100)断开;复位端(X2)断开,计数器初始化(EV100 = SV100)。若在计数器计数过程中到来一个复位脉冲,计数器清 0,直至复位触点断开,计数器复位,重新开始计数。

三、项目实施

(一)选择输入/输出设备,分配 I/O 地址,绘制 I/O 接线图

根据任务要求,需要在进库口设置传感器,检测是否有进库物品到来,这是输入信号。传感器检测到信号以后送给计数器进行统计计数,计数器是 PLC 的内部元件,不需要选择相应的外部设备,但计数器需要有复位信号,从本项目要求来看,需要单独配置一个按钮供计数器复位,同时也作为整个监控系统的启动按钮。本控制任务的输出设备就是两个监控指示灯(红灯和绿灯)。分配地址如下:

输入部分:X0——进库物品检测传感器;

X1——监控系统启动按钮(计数器复位按钮)SB。

输出部分:Y0——监控室绿灯 L0;

Y1——监控室红灯 L1。

如图 2-41 所示为进库物品的统计监控 I/O 接线图。

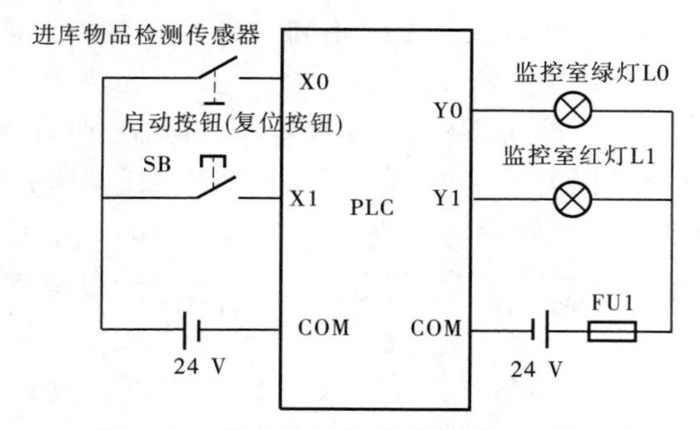

图 2-41　进库物品的统计监控 I/O 接线图

(二)设计控制程序

如图 2-42 所示为进库物品的统计监控程序。每有一件物品进库,传感器就通过 X0 输入一个信号,计数器 C100、C101 分别计数一次,C100 计满 150 件时其触点动作,使红灯(L1)点亮;C101 计满 200 件时其触点动作,与 R901C(1 s 时钟脉冲)串联后实现绿灯(L0)点亮。

梯形图如图 2-42(a)所示。

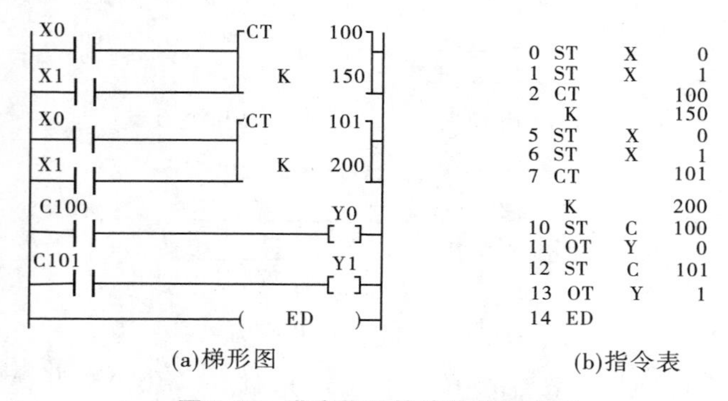

(a)梯形图　　(b)指令表

图 2-42　进库物品的统计监控程序

(三)程序调试

按照如图 2-41 所示的进库物品的统计监控 I/O 接线图,接好电源线、通信线及输入/输出信号线,输入进库物品的统计监控程序进行调试,直至满足要求。

四、知识拓展——计数器的其他应用

(一)通用计数器的自复位电路——主要用于循环计数

如图 2-43 所示,CT100 对计数脉冲 X0 进行计数,计到第三次的时候,CT100 的常开触点动作使 Y0 接通。而在 CPU 的第二轮扫描中,由于 CT100 的另一常开触点也动作使其线圈复位,后面的触点也跟着复位,因此在第二轮扫描周期中 Y0 又断开。在第三个扫描周期中,由于 CT100 常开触点复位解除了线圈的复位状态,因此 CT100 又处于计数状态,重新开始下一轮计数。

与定时器自复位电路一样,计数器的自复位电路也要分析前后 3 个扫描周期,才能真正理解它的自复位过程。计数器的自复位电路主要用于循环计数。计数器的自复位电路在实际中应用非常广泛,要深刻理解才能熟练其应用。

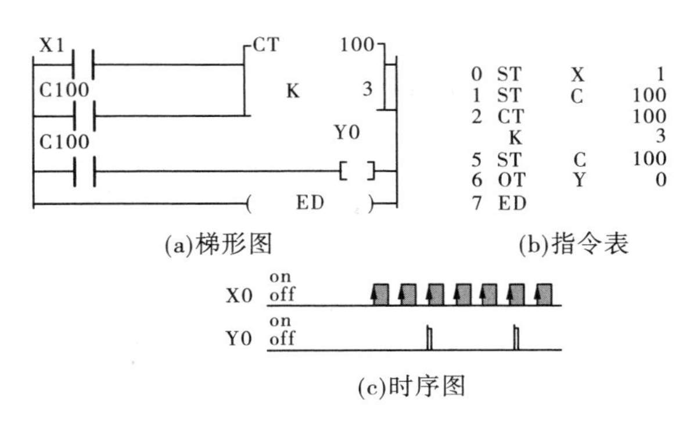

(a)梯形图　(b)指令表

(c)时序图

图2-43　计数器的自复位电路

(二)通用计数器的串联电路——主要用计数器扩展

当需要计数的数值超过了计数器的最大值时,可以将两个或多个计数器串级组合,以此达到扩大计数范围的目的,如图2-44所示。

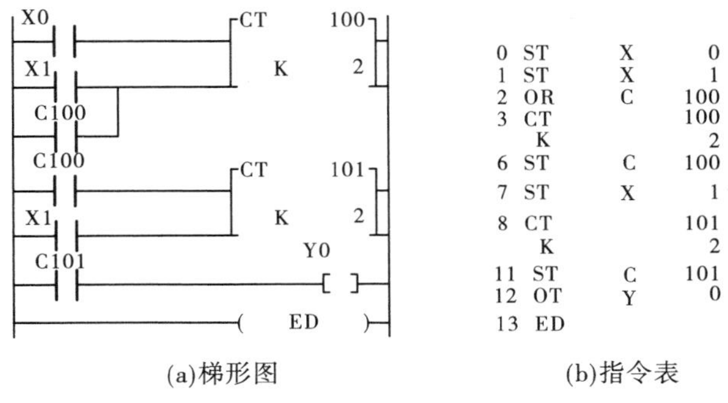

(a)梯形图　(b)指令表

图2-44　计数器扩展

五、项目评价

(1)学生讨论。

(2)总结。

①使用编程软件编写计数器CT指令,并学会灵活应用。

②根据控制要求,确定输入输出点数,分配输入输出地址编号。

③调试程序,在线监控调试,并写出处理故障的过程。

④使用计数器CT指令编写循环控制程序。

(3)思考与练习。

【应用举例】　采用特殊辅助计数器R901C作为秒脉冲并送入CT100计数。CT100每计60次(1 min)向CT101发出一个计数信号,CT101每计60次(1 h)向C2发出一个计数信号。CT100、CT101分别计60次(00~59),CT102计24次(00~23)。

【思考】　如何将秒、分、时的信号输出来?

【试试看】　设计彩灯顺序控制系统。控制要求:

A亮1 s,灭1 s;接着B亮1 s,灭1 s;接着C亮1 s,灭1 s;接着D亮1 s,灭1 s;接着A、B、C、D亮1 s,灭1 s;接着A亮1 s,灭1 s;循环三次停止。

任务六　LED 数码管显示设计

一、项目目标

通过教师与学生的互动合作完成 LED 数码管显示设计；通过教师的点拨、指导、答疑和学生的思考、设计、调试，进而学会编程规则、技巧、优化方式。继续感受和体会 PLC 程序设计的工作流程，培养工程素质和综合能力，体验解决实际问题的过程，学会解决实际问题的方法。

二、项目准备

（一）项目分析

LED 数码管由 7 段发光二极管和 1 个圆点二极管组成，根据各段管的亮暗可以显示 0~9的 10 个数字和许多字符。设计用 PLC 控制的数码管显示程序，要求：按下 SB1 时数码管开始由 9 到 0 倒计时显示数字，显示 9 数字 1 s 灭，接着显示 8 数字，以此类推，到显示 0 数字停止。

（二）相关知识——梯形图程序设计规则与梯形图优化、经验设计法

1. LED 数码管

LED 数码管的结构如图 2-45 所示，有共阴极和共阳极两种接法。本书采用共阳极接法。在共阳极接法中，COM 端一般接地电位，只需控制阳极端的电平高低，就可以控制数码管显示不同的字符。例如，当 b 端和 c 端输入为高电平，其他各端输入为低电平时，数码管显示为“1”；当 a、c、d、e、f 端输入全为高电平时，数码管显示为“0”。

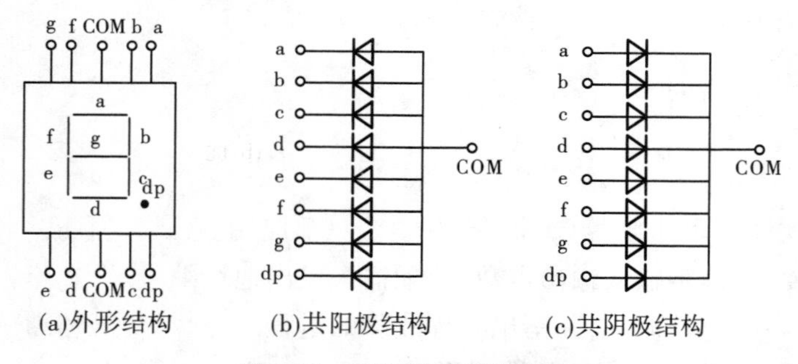

(a)外形结构　(b)共阳极结构　(c)共阴极结构

图 2-45　LED 数码管的结构

2. 梯形图程序设计规则与梯形图优化

（1）输入/输出继电器、内部辅助继电器、定时器、计数器等器件的触点可以多次重复使用，无需复杂程序结构来减少触点的使用次数。

（2）梯形图每一行都是从左母线开始的，经过许多触点的串、并联，最后用线圈终止于右母线。触点不能放在线圈的右边，任何线圈都不能直接与左母线相连，如图 2-46 所示。

（3）在程序中，除步进程序外，不允许同一编号的线圈多次输出（不允许双线圈输出），如图 2-47 所示。

（4）不允许出现桥式电路。当出现如图 2-48（a）所示的桥式电路时，必须换成如

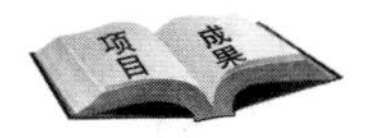

X0 X1 Y0 X2

(a)错误的梯形图

X0 X1 X2 Y0

(b)正确的梯形图

图2-46 触点不能放在线圈的右边

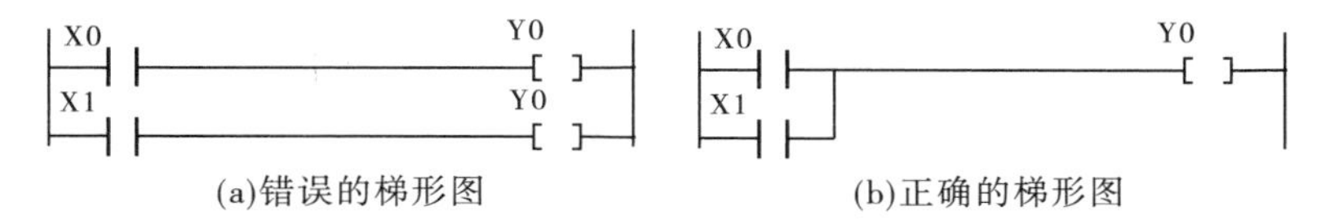

(a)错误的梯形图 (b)正确的梯形图

图2-47 不允许双线圈输出

图2-48(b)所示的形式才能进行程序调试。

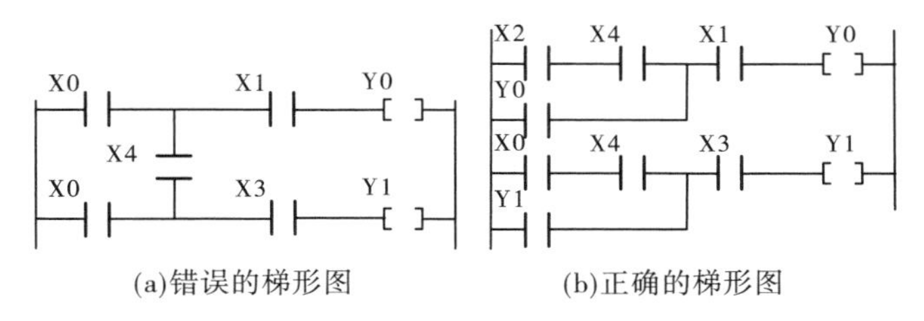

(a)错误的梯形图 (b)正确的梯形图

图2-48 不允许出现桥式电路

(5)为了减少程序的执行次数,梯形图中,并联触点多的应放在左边,串联触点多的应放在上边。如图2-49所示,优化后的梯形图比优化前少一步。

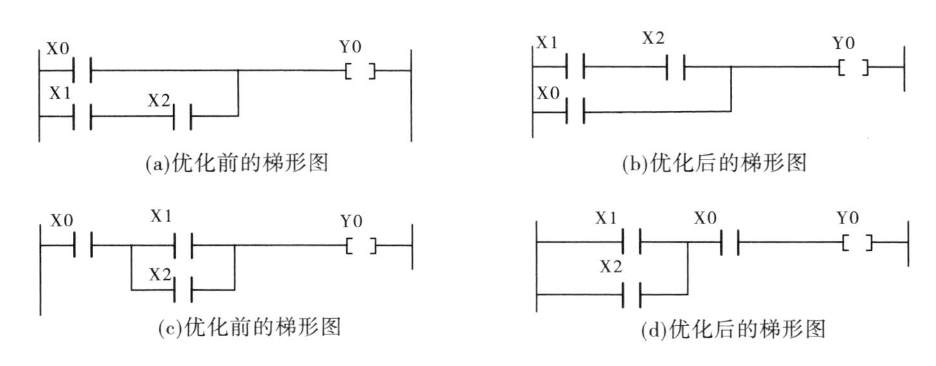

(a)优化前的梯形图 (b)优化后的梯形图

(c)优化前的梯形图 (d)优化后的梯形图

图2-49 梯形图优化

(6)尽量使用连续输出,避免使用多重输出的堆栈指令,如图2-50所示,连续输出的梯形图在转化成指令表时要简单得多。

(三)PLC程序设计常用的经验设计法

所谓的经验设计法,就是在传统的继电器-接触器控制图和PLC典型控制电路的基础上,依据积累的经验进行翻译、设计修改和完善,最终得到优化的控制程序。需要注意的事项如下:

(1)在继电器-接触器控制中,所有的继电器、接触器都是物理元件,其触点都是有限的。因而,在控制电路中要注意触点是否够用,要尽量合并触点。但在PLC中,所有的编程

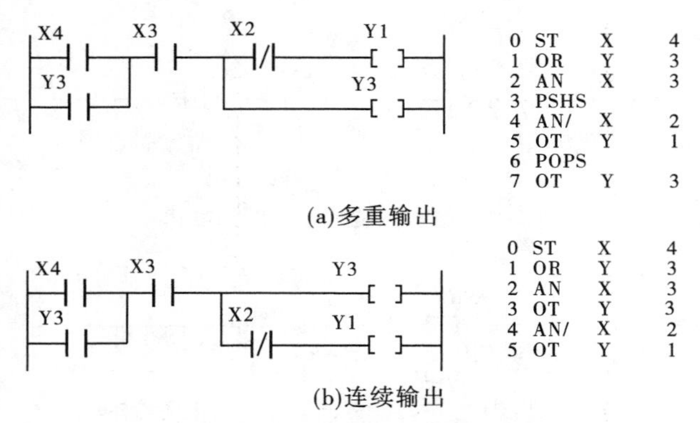

(a)多重输出

(b)连续输出

图 2-50 避免使用多重输出

软元件都是虚拟器件,都有无数的内部触点供编程使用,不需要考虑怎样节省触点。

(2)在继电器-接触器控制中,要尽量减少元件的使用数量和缩短通电时间,以降低成本、节省电能和减小故障概率。但在 PLC 中,当 PLC 的硬件型号选定以后其价格就确定了。编制程序时可以使用 PLC 丰富的内部资源,使程序功能更加强大和完善。

(3)在继电器-接触器控制中,满足条件的各条支路是并行执行的,因而要考虑复杂的联锁关系和临界竞争。然而在 PLC 中,由于 CPU 扫描梯形图的顺序是从上到下(串行)执行的,因此可以简化联锁关系,不考虑临界竞争问题。

三、项目实施

(一)拟订方案,选择输入/输出设备,分配 I/O 地址,绘制 I/O 接线图

根据本任务的控制要求,输入地址已经确定。按下 SB1,要求数码管显示"5",1 s 后灭,数码管显示"4",1 s 后灭,数码管显示"3",1 s 后灭,以此类推,即数码管显示"0",1 s 后停止。本任务的输出设备就是一个数码管,但因为它是由 7 段长形管 a、b、c、d、e、f、g 和 1 个圆点组成的(圆点没用),所以需要占用 8 个输出地址。本控制任务的输出地址分配是:数码管圆点 dp 对应 Y0;数码管 a ~ g 段对应 Y1 ~ Y7。由此绘制的 I\O 接线图如图 2-51 所示。

输入部分:X0——启动按钮 SB1;
X1——紧急停止按钮 SB2。

输出部分:Y0——数码管圆点 dp;
Y1——数码管 a;
Y2——数码管 b;
Y3——数码管 c;
Y4——数码管 d;
Y5——数码管 e;
Y6——数码管 f;
Y7——数码管 g。

(二)设计梯形图

各个字符的显示是由 7 段数码管的不同点亮情况组合而成的,例如,数字 0 需要数码管的 a(Y1)、b(Y2)、c(Y3)、d(Y4)、e(Y5)、f(Y6)六段点亮,数字 1 需要数码管的 b(Y2)、c(Y3)两段点亮。而 PLC 的梯形图设计是不允许出现双线圈的,所以要用辅助继电器 M 进

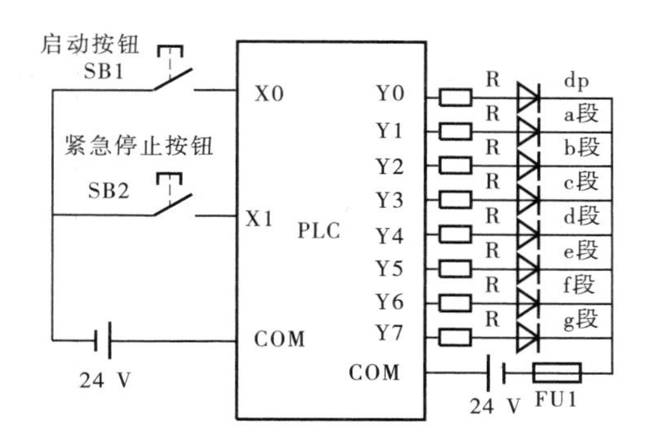

图 2-51 LED 数码管显示设计 I/O 接线图

行过渡。用 M 作为字符显示的状态记录,再用记录的各状态点亮相应的二极管。

下面用 PLC 的经验设计法进行数码管的设计,读者应注意体会。

1. 字符显示状态的基本程序

搭建程序的大致框架。在程序中就是用辅助继电器做好各按键字符的状态记录,同时需要六个 1 s 定时器。例如,按下 SB1 时,用 R0 作记录,R0 驱动 a(Y1)、c(Y3)、d(Y4)、f(Y6)、g(Y7)五段数码管,表明要显示"5",同时定时器 TMX0 开始计时,1 s 后,定时器常开触点驱动 R1,用 R1 作记录,R1 驱动 b(Y2)、c(Y3)、f(Y6)、g(Y7)四段数码管,表明要显示"4",以此类推,定时器 TMX5 驱动 R5,用 R5 作记录,R 驱动 a(Y1)、b(Y2)、c(Y3)、d(Y4)、e(Y5)、f(Y6)六段数码管,表明要显示"0",1 s 后灭。

2. 字符的数码管显示记录程序

将 5 至 0 的数字记录状态送到 R0 至 R5,程序如图 2-52 所示。

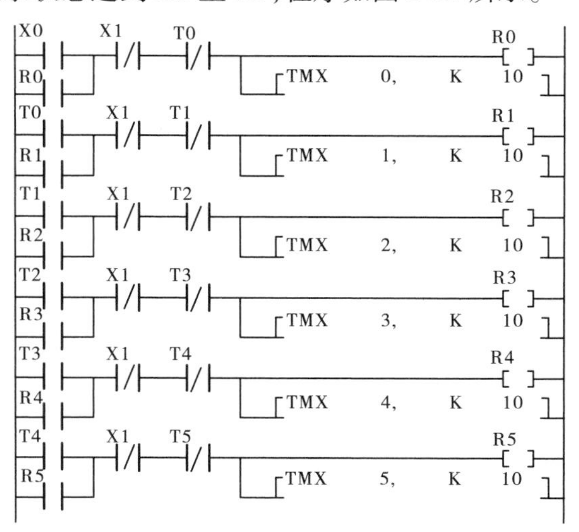

图 2-52 数码管显示记录程序

3. 记录程序驱动数码管显示程序

将上一步记录的各状态用相应的输出设备进行输出。例如,R0 状态是要输出"5",那就要点亮 a、c、d、f、g 段,也就是要将 Y1、Y3、Y4、Y6、Y7 接通;R1 状态是要输出"1",那就要点亮 b、c 段,也就是要将 Y2、Y3 接通。据此设计的梯形图如图 2-53 所示。

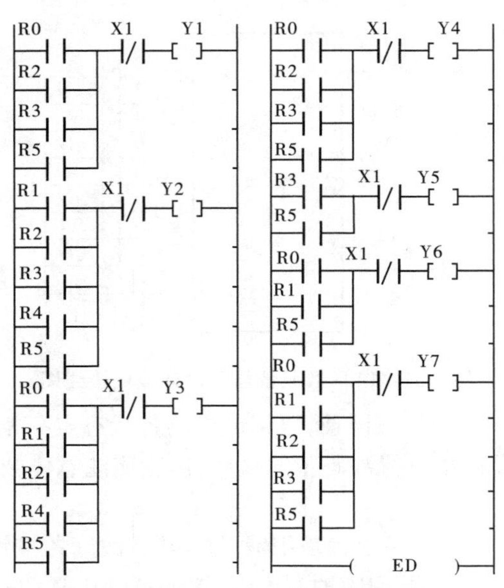

图 2-53　记录程序驱动数码管显示程序

4. 数码显示的最终梯形图

将前面各程序段组合在一起,并进行总体功能检查(有无遗漏或者相互冲突的地方,若有就要进行添加或衔接过渡),最后完善成总体程序。

(三)编写指令表及进行程序调试

按照 I/O 接线图,接好电源线、通信线及输入/输出信号线,编写指令表并调试运行,直至满足控制要求。现场调试时要注意数码管的接线正确。

四、知识拓展——SR 寄存器移位指令

SR 是左移位指令,相当于以个串行输入移位寄存器,其使用时注意以下几点:

(1)该指令的移位对象只限于内部寄存器 WR,它可以指定 WR 中任意一个作为位移寄存器使用。

(2)IN 端为数据输入端。该端接通,移位输入的是“1”;该端断开,移位输入的是“0”。

(3)CP 端是移位脉冲输入端。该端每接通一次(上升沿有效),指定寄存器的内容左移 1bit(位),逐位向高位移动。

(4)R 端是复位端。该端一旦接通,指定寄存器的内容全部清 0,且移位动作停止。R 端比 CP 端优先权高。

应用举例如图 2-54 所示。

五、项目评价

(1)学生讨论。

(2)总结。

①学会应用经验法设计编写程序。

②掌握梯形图设计规则与梯形图优化。

③根据控制要求,确定输入输出点数,分配输入输出地址编号。

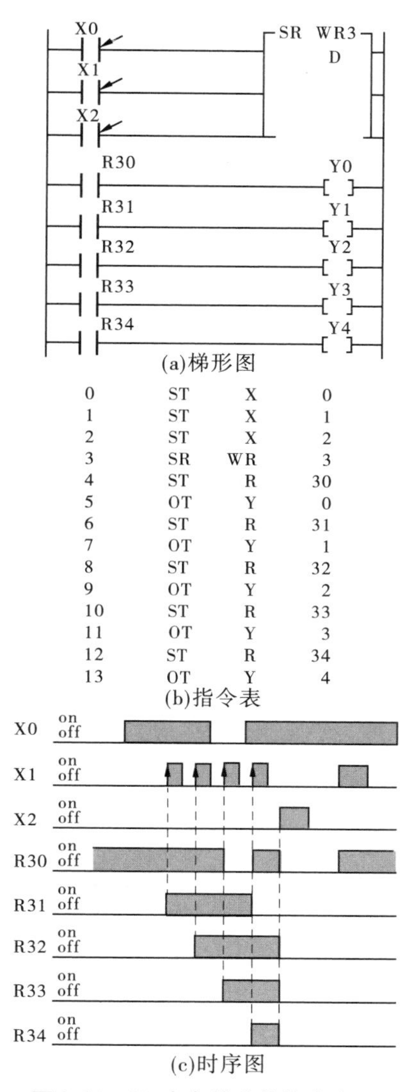

(a)梯形图

0	ST	X	0
1	ST	X	1
2	ST	X	2
3	SR	WR	3
4	ST	R	30
5	OT	Y	0
6	ST	R	31
7	OT	Y	1
8	ST	R	32
9	OT	Y	2
10	ST	R	33
11	OT	Y	3
12	ST	R	34
13	OT	Y	4

(b)指令表

(c)时序图

图 2-54 SR 寄存器移位指令应用

④根据控制要求,使用内部辅助继电器 R 记录不同的状态,由内部辅助继电器 R 驱动输出继电器 Y。

⑤调试程序,在线监控调试,并写出处理故障的过程。

(3)思考与练习。

【试试看】 有一 3 台皮带运输机传输系统,分别用电动机 M1、M2、M3 带动,控制要求如下:按下启动按钮,先启动最末一台皮带机 M3,经 5 s 后再依次启动其他皮带机。正常运行时,M3、M2、M1 均工作。按下停止按钮时,先停止最前一台皮带机 M1,待料送完毕后再依次停止其他皮带机。

①写出 I/O 分配情况;

②画出梯形图。

【试试看】 用 SR 寄存器移位指令实现 LED 数码管显示设计。

项目三　PLC 编程方法的应用

在工程中,PLC 应用程序的设计有多种方法,这些设计方法也因各个设计者的技术水平和喜好有较大的差异。本项目主要介绍时序电路设计和功能表图设计两种方法。时序控制是指用定时器实现的顺序定时控制,是一种用定时器“接力”定时的时序控制梯形图设计方法,主要应用于定时顺序控制和定时循环控制。功能表图是用图形符号和文字表述相结合的方法,全面描述控制系统,含电气、液压、气动和机械控制系统或系统某些部分的控制过程、功能和特性的一种语言,主要应用于顺序控制。

任务一　广场喷泉电路设计

一、项目目标

本项目目标是学习 PLC 编程的时序电路方法,使用时序电路方法设计广场喷泉电路。通过教师与学生的互动合作完成各示范任务的设计和调试;通过教师的点拨、指导答疑和学生的思考、设计、现场调试,独立完成各任务设计和调试。最后汇总完善整个项目的设计和整体调试。让学生感受实际工作中 PLC 编程的时序电路方法的一般工作流程,体验解决实际问题的过程,学会用 PLC 编程的时序电路方法解决实际问题的方法。倡导学生主动参与学习,发现问题,探索问题,学习与老师、同学交流,学会用语言表述问题过程和调试结果,提高综合素质。

二、项目准备

(一)项目分析

设计要求:

有 A、B、C 三组喷头,A 组先喷 5 s;然后 B、C 同时喷,A 停;5 s 后 B 停;再 5 s 后 C 停,而 A、B 又喷;再过 2 s,C 也喷;持续 5 s 后全部停喷。再过 3 s 重复前述过程,如图 3-1 所示。

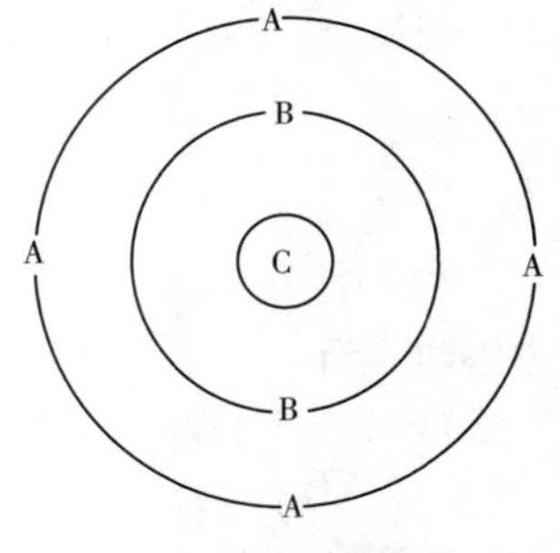

图 3-1　广场喷泉

分析:

(1)在整个设计要求中,根据输入输出设备及题意,可以确定:输入,两个启动、停止分别为 X0、X1;输出,A、B、C 三组喷头分别为 Y0、Y1、Y2。

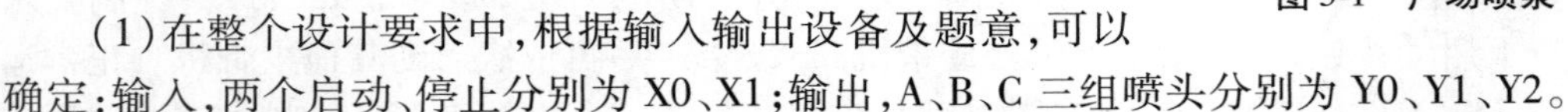
(2)在整个设计中,需要六个定时器,TMX0 为 5 s,TMX1 为 5 s,TMX2 为 5 s,TMX3 为 2 s,TMX4 为 5 s,TMX5 为 3 s。

(3)根据设计要求和输入输出、定时器,画出相应的时序图,如图 3-2 所示。

(4)根据输入输出、内部辅助继电器、定时器的时序图,列出逻辑表达式:用输入 X0、内部辅助继电器 R0、定时器 TMX 的时序图表示出输出 Y0、Y1、Y2 的逻辑表达式。

$A = Y0 = R0 \cdot \overline{TMX0} + TMX2 \cdot \overline{TMX4}$

$B = Y1 = TMX0 \cdot \overline{TMX1} + TMX2 \cdot \overline{TMX4}$

$C = Y2 = TMX0 \cdot \overline{TMX2} + TMX3 \cdot \overline{TMX4}$

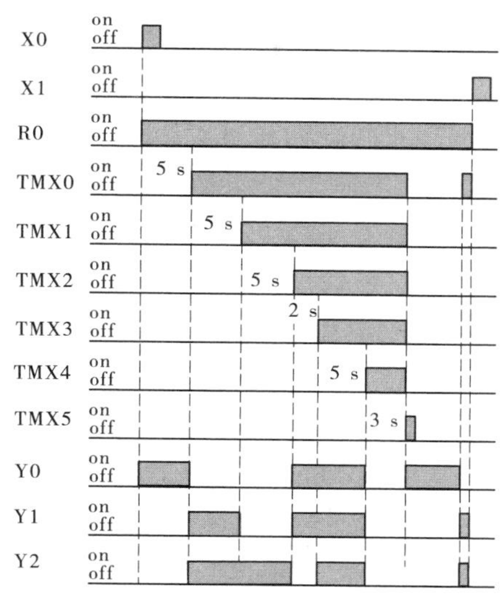

图 3-2　广场喷泉时序图

(二)相关知识

1. 概念

所谓时序设计方法,就是在设计中根据时序图找出输入输出及内部辅助继电器和定时器触点的对应关系,并可根据触点的控制规律适当地化简。一般情况下,时序设计法与经验法配合使用,否则将使逻辑关系过于复杂。

2. 触点控制规律

设 X、Y、Z 为三个触点,有如下控制规律:交换律、结合律、吸收律、重复律、分配律等。上述规律可以通过实际梯形图表示,如图 3-3 所示。

3. 编程步骤

(1)根据控制要求分配输入、输出触点,有时还要分配内部辅助继电器及定时器/计数器等。

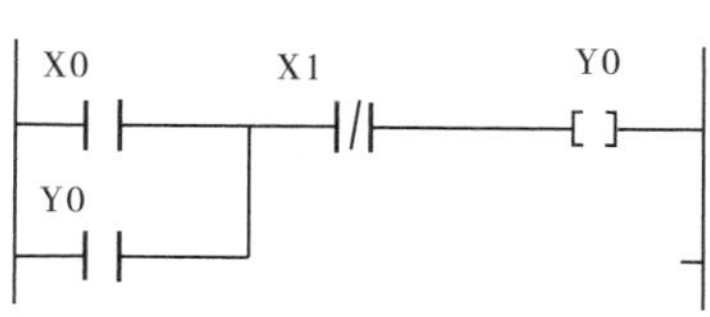

图 3-3　梯形图转化为逻辑表达式

(2)分析逻辑关系,画时序图。

(3)根据时序图,列出输出信号的逻辑表达式。

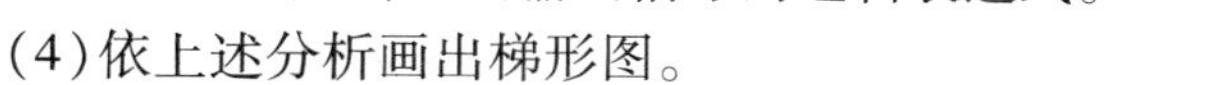

(4)依上述分析画出梯形图。

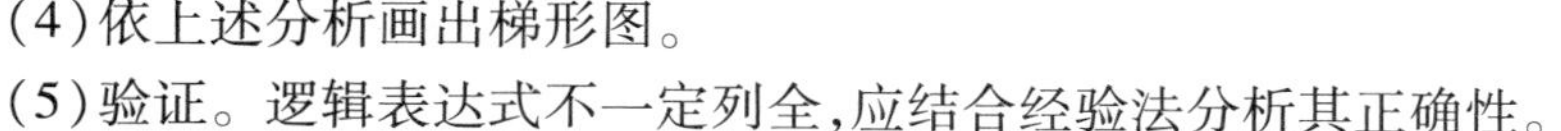

(5)验证。逻辑表达式不一定列全,应结合经验法分析其正确性。

三、项目实施

(一)选择输入/输出设备,分配 I/O 地址,画出 I/O 接线图

根据本控制任务,要实现广场喷泉控制电路,只需要选择发送控制信号的启动和停止按钮、常开触点作为 PLC 的输入设备,选择接触器 KM1、KM2、KM3 作为 PLC 的输出设备分别控制 A、B、C 三组喷泉电动机,主电路是三个连续运行主电路即可。时间控制功能由 PLC 内部元件(TM)完成,不需要外部考虑,按钮只能实现短信号高电平,因此还需要内部辅助继

电器 R0。根据选定的输入/输出设备分配 PLC 地址如下：

输入部分：X0——SB1 启动按钮；

X1——SB2 停止按钮。

输出部分：Y0——接触器 KM1；

Y1——接触器 KM2；

Y2——接触器 KM3。

根据上述分配的地址，绘制 I/O 接线图，如图 3-4 所示。

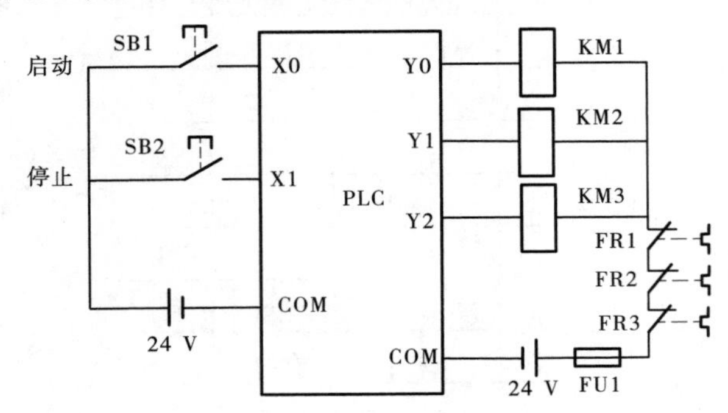

图 3-4　广场喷泉控制 I/O 接线图

（二）选择 PLC

根据输入输出点数选择 PLC：输入 $2\times(1+0.15)=2.3$，输出 $3\times(1+0.15)=3.45$，输入点数大于 2.3，输出点数大于 3.45，综合考虑可选择输入 6 个点、输出 4 个点的 FP0 - C10 的 PLC。

（三）设计 PLC 控制程序

根据广场喷泉时序图，输入 X0、内部辅助继电器 R0、定时器 TMX 的时序图，表示出输出 Y0、Y1、Y2 的逻辑表达式，画出梯形图，如图 3-5 所示。

如果按下停止按钮，喷泉会停喷。但是我们如何设计一个按下停止按钮，喷泉不会停喷，而是喷完一个完整的周期再停喷呢？

程序设计如图 3-6 所示，图中把 TMY5 动断触点串入 TMY0 线圈控制电路中，目的是使定时器能周期地进行工作。把 TMY5 动断触点与 R1 动断触点并联，目的是不论 X1 何时按下，R0 必须喷完一个周期后才会停止。

（四）程序调试

用普通微型计算机或手持编程器均可输入程序进行调试，用微型计算机调试时，使用配套的编程软件。

按照图 3-4 所示的 I/O 接线图，接好各信号线、电源线以及通信电缆后，写入程序便可以观察运行效果。如果与控制要求不符，先看 PLC 的输入/输出端子上相应的信号指示是否正确，若信号指示正确，就说明程序是对的，需要检查外部接线是否正确、负载电源是否正常工作等。若 PLC 的输入/输出端子信号指示不正确，就需要检查和修改程序，反复调试，直到按要求正常运行。

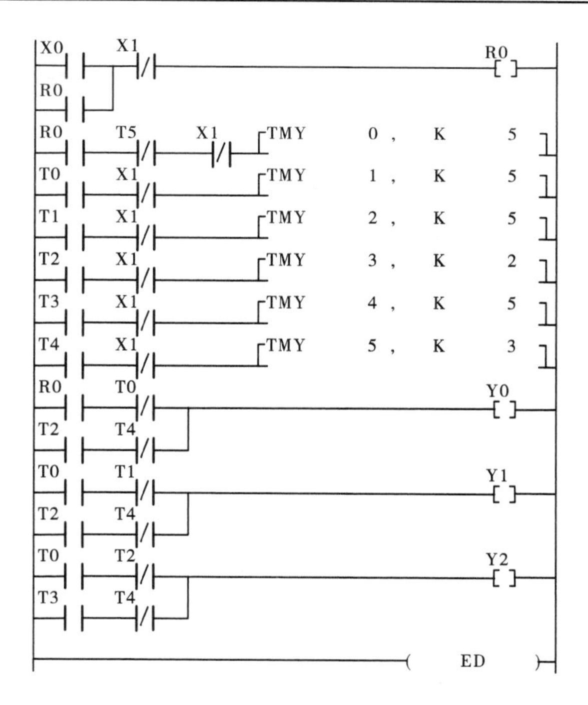

图 3-5 广场喷泉梯形图

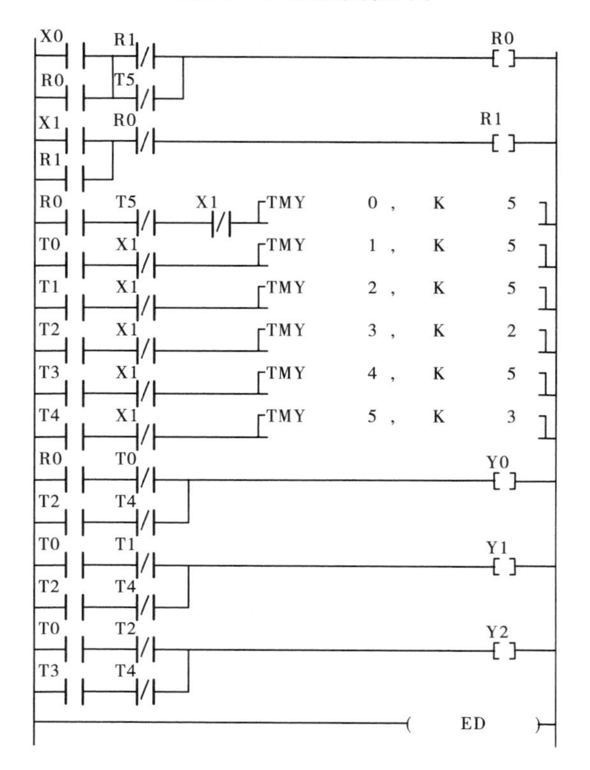

图 3-6 完善后的广场喷泉梯形图

四、知识拓展——PLC 的选择

(一)PLC 容量估算

PLC 容量包括两个方面:一是 I/O 的点数,二是用户存储器的容量。

1. I/O 点数的估算

根据被控对象输入信号和输出信号的总点数,并考虑到今后调整和扩充,一般应加上 10% ~15% 的备用量。

2. 用户存储器容量的估算

用户应用程序占用多少内存与许多因素有关,如 I/O 点数、控制要求、运算器处理量、程序结构等。因此,在程序设计之前只能粗略地估算。根据经验,每个 I/O 点及有关功能器件占用的内存大致如下:

开关量输入:所需存储器字数 = 输入点数 ×10。

开关量输出:所需存储器字数 = 输出点数 ×8。

定时器/计数器:所需存储器字数 = 定时器/计数器数量 ×2。

模拟量:所需存储器字数 = 模拟量通道个数 ×100。

通信接口:所需存储器字数 = 接口个数 ×300。

用户存储器的容量根据存储器的总字数再加上一个备用量。

(二)I/O 模块的选择

1. 开关量输入模块的选择

PLC 的输入模块用来检测来自现场(如按钮、行程开关、温控开关、压力开关等)的高电平信号,并将其转换为 PLC 内部的低电平信号。

按输入点数分,常用的有 8 点、12 点、16 点、32 点等。

按工作电压分,常用的有直流 5 V、12 V、24 V,交流 110 V、220 V 等。

按外部接线方式分,有汇点输入、分隔输入等。

选择输入模块主要考虑以下两点:

(1)根据现场输入信号(按钮、行程开关)与 PLC 模块输入的远近来选择电压的高低。一般 24 V 以下属低电压,其传输距离不宜太远。如 12 V 电压模块传输距离一般不超过 10 m,距离较远模块输入较高电压比较可靠。

(2)高密度的输入模块,如 32 点输入模块,允许同时接触的点数取决于输入电压和环境温度。一般同时接触的点数不得超过总输入点数的 60%。

2. 开关量输出模块的选择

开关量输出模块的任务是将 PLC 内部的低电平的控制信号转换为外部所需电平的输出信号,驱动外部负载。

(1)输出方式的选择。继电器输出价格便宜,适用电压范围广,导通压降小,承受瞬时过电压和过电流的能力较强且有隔离作用。但继电器有触点,寿命较短,且响应速度较慢,适用于动作不频繁的交直流负载。当驱动感性负载时,最大开闭频率不超过 1 Hz。

晶闸管输出(交流)和晶体管输出(直流)都属于无触点开关输出,适用于通断频繁的感性负载。感性负载在断开瞬间会产生较高的反压,必须采取抑制措施。

(2)输出电流的选择。模块的输出电流必须大于负载电流的额定值,如果负载电流较大,输出模块不能直接驱动时,应增加中间放大环节。对于容性负载、热敏电阻负载,考虑到接通时有冲击电流,要保留足够的余量。

(3)允许同时接通的输出点数。在选用输出模块时,不但要看一个输出点的驱动能力,还要看整个输出模块的满负荷能力,即输出模块同时接通点数的总电流值不得超过模块规定的最大允许电流。如OMRON公司的CQM1－OC222是16点输出模块,每个点允许通过电流2 A(250 VAC/24 VDC),但整个模块允许通过的最大电流仅为8 A。

3. 特殊功能模块

除开关量信号外,工业控制还要对温度、压力、流量等过程变量进行检测和控制。模拟量输入、模拟量输出以及温度控制模块的作用就是将过程量转换成PLC可以接收的数字信号以及将PLC数字信号转化成模拟信号输出。此外,还有一些特殊情况,如位置控制、脉冲计数及联网,与其他外部设备连接等都需要专用的接口模块,如传感器模块、I/O链接模块等。这些模块中有自己的CPU、存储器,能在PLC的管理和协调下独立地处理特殊任务,这样既完善了PLC的功能,又可减轻PLC的负担,提高处理速度。有关特殊功能模块的应用可参见PLC产品手册。

(三)分配输入/输出点

一般输入点与输入信号、输出点与输出控制是一一对应的。分配好后,按系统配置的通道与接点号,分配给每一个输入信号和输出信号,即进行编号。

在个别情况下,也有两个信号用一个输出点的,那样就应在接入输入点前,按逻辑关系接好线(如两个触点先并联或串联),然后接到输入点。

1. 明确I/O通道范围

不同型号的PLC,其输入/输出通道的范围是不一样的,应根据所选PLC型号,查阅相应的编程手册,决不可"张冠李戴"。

2. 内部辅助继电器

内部辅助继电器不对外输出,不能直接连接外部器件,而是在控制其他继电器、定时器/计数器时作数据存储或数据处理用。从功能上讲,内部辅助继电器相当于传统电控柜中的中间继电器。根据程序设计的需要,应合理安排PLC的内部辅助继电器,在设计说明书中应详细列出各内部辅助继电器在程序中的用途,以避免重复使用。

3. 分配定时器/计数器

注意定时器和计数器的编号不能同时使用。对于高速定时,如果扫描的时间超过10 ms,必须使用TM/CNT000～015以保证计时准确,而其他编号不能作中断处理,在扫描时间长时,计时不够准确。

4. 数据存储器(DM)

在数据存储、数据转换及数据运算等场合,经常需要处理以通道为单位的数据,此时应用数据存储器是很方便的。数据存储器中的内容,即使在PLC断电、运行开始或停止时也能保持不变。数据存储器也应根据程序设计的不同需要来合理安排,在设计说明书中应详细列出各DM通道在程序中的用途,以避免重复使用。

五、项目评价

(1)学生讨论。

(2)总结。

①领会时序电路方法的思想,根据控制要求按照步骤设计程序。

②在调试过程中,在线监控,按照"能流"的过程反复调试,直至按要求运行。

(3)思考与练习。

【试试看】 使用时序电路方法设计两台电动机顺序控制PLC系统。控制要求:两台电动机相互协调运转,M1运转10 s,停止5 s,M2要求与M1相反,M1停止M2运行,M1运行M2停止,如此反复动作3次,M1和M2均停止。

【试试看】 使用时序电路方法设计如下控制系统(见图3-7):L3、L5、L7、L9亮1 s后灭,接着L2、L4、L6、L8亮1 s后灭,再接着L3、L7、L9亮1 s后灭,如此循环下去。

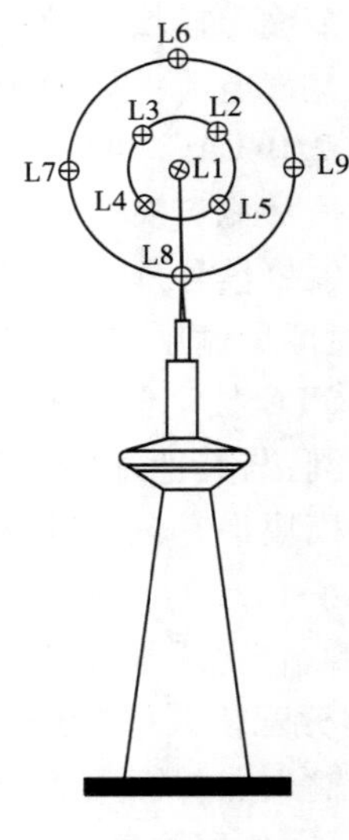

图3-7 天塔之光

任务二 多种液体自动混合控制

一、项目目标

本项目目标是学习PLC编程的功能表图设计方法,使用功能表图设计方法设计多种液体自动混合控制电路。通过教师与学生的互动合作完成各示范项目的设计和调试;通过教师的点拨、指导答疑和学生的思考、设计、现场调试,独立完成各项目设计和调试。最后汇总完善整个项目的设计和整体调试。让学生感受实际工作中PLC编程的功能表图设计方法的一般工作流程,体验解决实际问题的过程,学会用PLC编程的功能表图设计方法解决实际问题的方法。倡导学生主动参与学习,发现问题,探索问题,学习与老师、同学交流,学会用语言表述问题过程和调试结果,提高综合素质。

二、项目准备

(一)项目分析

1.分析多种液体自动混合控制装置

多种液体自动混合控制装置示意图如图3-8所示。其中,L1、L2、L3为液面传感器,液面淹没该点时为ON。YV1、YV2、YV3、YV4为电磁阀,M为搅拌电机。

2.分析两种液体自动混合的动作要求

(1)初始状态,容器是空的,各个阀门均关闭(YV1 ~ YV4均为OFF),L1、L2、L3均为OFF,搅拌电机M也为OFF。

(2)启动操作,按一下启动按钮,装置开始按下列规律操作:

①YV1 = ON,液体 A 流入容器。当液面升到 L3 时,L3 为 ON,使 YV1 为 OFF,YV2 为 ON,即关闭液体 A 阀门,打开液体 B 阀门。

②当液面升到 L2 时,使 YV2 为 OFF,YV3 为 ON,即关闭液体 B 阀门,打开液体 C 阀门。

③当液面升到 L1 时,使 YV3 为 OFF,M 为 ON,即关掉液体 C 阀门,开始搅拌。

④搅拌 10s 后,停止搅拌(M 为 OFF),加热器开始加热,当混合液体的温度达到所需的设定值时,加热器停止加热,放出混合液体(YV4 为 ON)。

⑤当液面降到 L3(L3 从 ON→OFF)时,再过 5 s 后,容器即可放空,使 YV4 为 OFF,由此完成一个混合搅拌周期。随后将开始一个新的周期。

【试试看】 停止操作,按一下停止按钮,只有在当前的混合操作处理完毕后,才停止操作(停在初始状态上)。

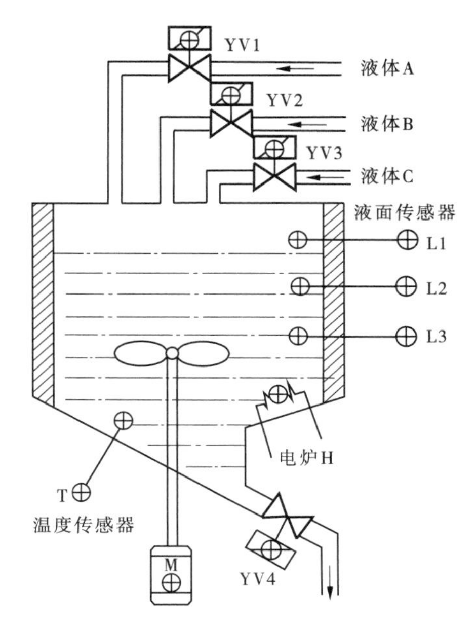

图 3-8 多种液体自动混合控制装置示意图

(二)相关知识

1. 概念

所谓功能表图设计方法,就是用图形符号和文字表述相结合的方法,全面描述控制系统,含电气、液压、气动和机械控制系统或系统某些部分的控制过程、功能和特性的一种语言。在功能表图中,把一个循环过程分解成若干个清晰的连续阶段,称为步(Step),步与步之间有转换分隔。当两步之间的转换条件满足时,实现转换,上一步的活动结束,而下一步的活动开始。一个过程循环分的步越多,对过程的描述就越精确。

2. 步

在控制系统的一个工作周期中,各依次顺序相连的工作阶段,称为步或工步,用矩形框和文字(或数字)表示 。

步有两种状态。一个步可以是活动的,称为活动步,也可以是非活动的,称为非活动步(停止步)。一系列活动步决定控制过程的状态。对应控制过程开始阶段的步,称为初始步(Initial Step),每一个功能表图至少有一个初始步,初始步用双线矩形框表示,如图 3-9 所示。

3. 动作

在功能表图中，命令(Command)或称动作(Action)用矩形框文字和字母符号表示，与对应步的符号相连。一个步被激活，能导致一个或几个动作或命令，亦即对应活动步的动作被执行。若某步为非活动步，对应的动作返回到该步活动之前的状态。活动步的动作可以是动作的开始、继续或结束。若有几个动作与同一步相连，这些动作符号可水平布置，如图3-9中动作A、B。

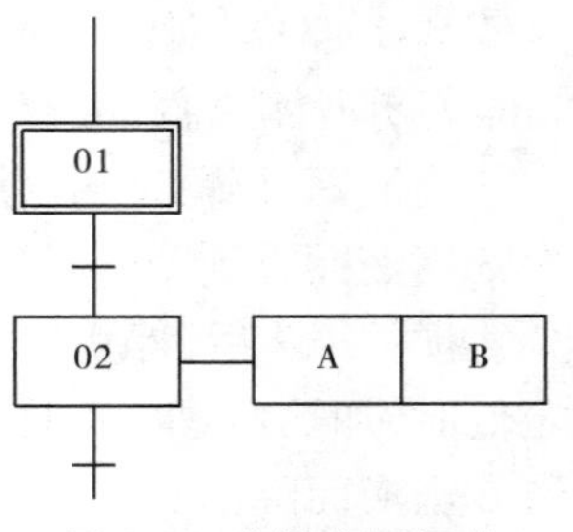

图3-9　功能表图组成

4. 有向连线

有向连线将各步按进展的先后顺序连接起来，它将步连接到转换，并将转换连接到步，有向连线指定了从初始步开始向活动步进展的方向与线路。有向连线可垂直或水平布置，为了使图面更加清晰，个别情况下也可用斜线。在功能表图中，进展的走向总是从上至下、从左到右，因此有向连线的箭头可以省略。如果不遵守上述进展规则，必须加注箭头。若垂直有向连线与水平有向连线之间没有内在联系，允许它们交叉，但当有向连线与同一进展相关时，则不允许交叉。在绘制功能表图时，若图较复杂或用几张图表示，有向连线必须中断，应注明下一步编号及其所有页数。

5. 转换

在功能表图中，生成活动步的进展是按有向连线指定的路线进行的，进展由一个或几个转换的实现来完成。转换的符号是一根短画线，与有向连线相交，转换将相邻的两个步隔开。如果通过有向连线连接到转换符号的所有前级步都是活动步，该转换为使能转换；否则，该转换为非使能转换。只有当转换为使能转换，且转换条件满足时，该转换才可实现。某转换实现，所有与有向连线和相应转换符号相连的后续步被激活，而所有与有向连线和相应转换符号的前级步均为非活动步。

6. 转换条件

转换条件标注在转换符号近旁，转换条件可用三种方式表示。

(1)文字语句：b、c触点中任何一个闭合，触点a同时闭合。

(2)布尔表达式：a(b+c)。

(3)图形符号：如图3-10所示。

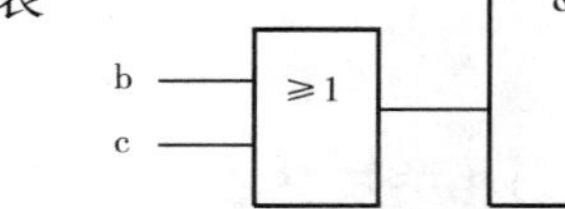

图3-10　图形符号

所谓转换条件，是指与该转换相关的逻辑变量可以是真的(1)，也可以是假的(0)。如果逻辑变量为真，转换条件为“1”，转换条件满足；如果逻辑变量为假，转换条件为“0”，转换条件不满足。只有当某使能步转换条件满足时，转换才被执行。

7. 单序列功能表图结构

单序列功能表图结构如图3-11所示。有时一张功能表图采用了多种结构形式。

如图3-11所示，每一个步后面仅接一个转换，每一个转换之后也只有一个步，所有各步沿有向连线单列串联。按图3-11对每一个步都可写出布尔表达式。

$$X2=(X1\cdot a+X2)\cdot \overline{b}=(X1\cdot a+X2)\cdot \overline{X3}$$

$$X3=(X2\cdot b+X3)\cdot \overline{c}=(X2\cdot b+X3)\cdot X4$$

式中　a、b、c——步X2、X3和X4的转换条件；

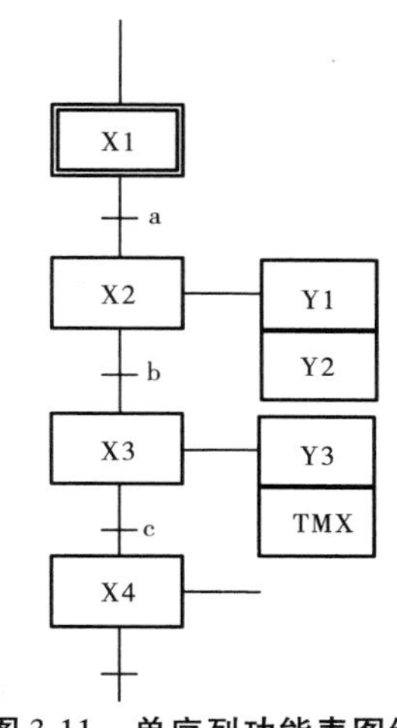

图 3-11　单序列功能表图结构

X1、X2、X3、X4 ——各步的编号。

$\bar{b}$ 与 $\overline{X3}$ 等效，$\bar{c}$ 与 X4 等效，括号内 X2 和 X3 为自保持信号。

若 X2 为活动步，与其相连的动作 Y1 和动作 Y2 被执行。当转换条件满足时，工步 X3 被激活，并保持（括号中的 X3），X2 变成非活动步，动作 Y1 和 Y2 停止执行，恢复到工步 X2 活动前的状态。单序列的特点是，在任一时刻，只有一个步处于活动状态。

三、项目实施

（一）选择输入/输出设备，分配 I/O 地址，画出 I/O 接线图

根据本控制任务，要实现多种液体自动混合控制电路，只需要选择发送控制信号的启动按钮、三个限位（行程开关）、传感器、停止按钮常开触点作为 PLC 的六个输入设备，选择四个电磁阀、接触器、加热器等六个输出作为 PLC 输出设备，分别控制电磁阀 YV1 至电磁阀 YV4、电动机、加热器。时间控制功能由 PLC 内部元件（TM）完成，不需要外部考虑，按钮只能实现短信号高电平，因此还需要状态内部辅助继电器 R0 至 R7。根据选定的输入/输出设备分配 PLC 地址如下：

输入部分：X0——启动按钮 SB1；
X1——L1；
X2——L2；
X3——L3；
X4——T；
X5——停止按钮 SB2。

输出部分：Y0——电磁阀 YV1；
Y1——电磁阀 YV2；
Y2——电磁阀 YV3；
Y3——电磁阀 YV4；
Y4——电动机接触器 KM；
Y5——加热器 H。

根据上述分配的地址，绘制 I/O 接线图，如图 3-12 所示。

（二）选择 PLC

根据输入输出点数选择 PLC：输入 $6 \times (1 + 0.15) = 6.9$，输出 $6 \times (1 + 0.15) = 6.9$，输入点数大于 6.9，输出点数大于 6.9，综合考虑可选择输入 7 个点、输出 7 个点的 FP0 - C14 的 PLC（FP0 - C10 含扩展单元）。

（三）作出功能表图

根据两种液体自动混合控制的动作要求作出功能表图，如图 3-13 所示。

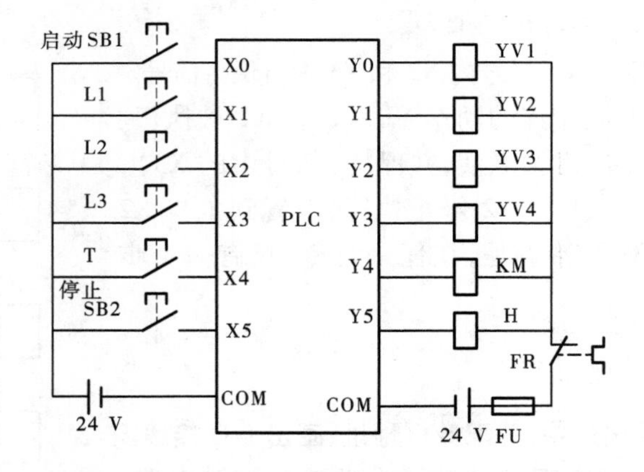

图 3-12 多种液体自动混合控制 I/O 接线图

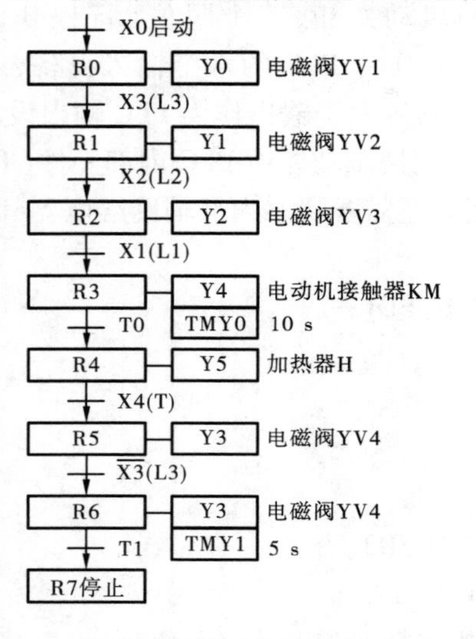

图 3-13 多种液体自动混合控制功能表图

(四)写出逻辑表达式

根据多种液体自动混合控制功能表图写出逻辑表达式,具体如下:

$$R0 = (X0 + R0) \cdot \overline{X3}$$

$$R1 = (R0 \cdot X3 + R1) \cdot \overline{X2}$$

$$R2 = (R1 \cdot X2 + R2) \cdot \overline{X1}$$

$$R3 = (R2 \cdot X1 + R3) \cdot \overline{T0}$$

$$R4 = (R3 \cdot T0 + R4) \cdot \overline{X4}$$

$$R5 = (R4 \cdot X4 + R5) \cdot X3$$

$$R6 = (R5 \cdot \overline{X3} + R6) \cdot \overline{T1}$$

$$R7 = (R6 \cdot T1 + R7) \cdot X5$$

$$Y0 = R0$$

$$Y1 = R1$$

$$Y2 = R2$$

$Y3=(R5+R6)\cdot\overline{R7}$

$Y4=R3$

$Y5=R4$

注意:定时器有内部辅助继电器 R3、R6 分别驱动 TMY1、TMY2。

(五)画出梯形图

根据逻辑表达式画出梯形图,如图 3-14 所示。

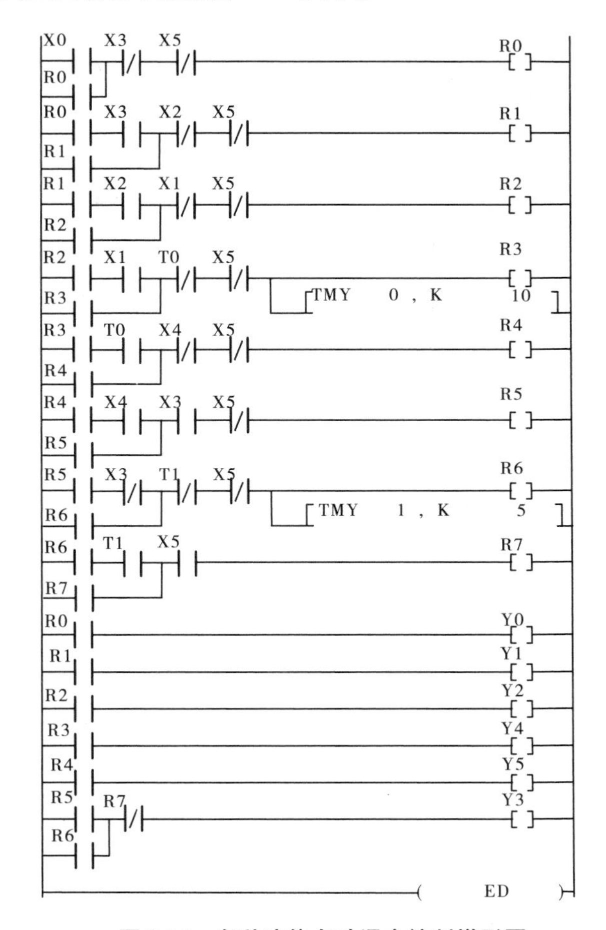

图 3-14　多种液体自动混合控制梯形图

(六)程序调试

用普通微型计算机或手持编程器均可输入程序进行调试,用微型计算机调试时,使用配套的编程软件。

按照如图 3-12 所示的 I/O 接线图,接好各信号线、电源线以及通信电缆后,写入程序便可以观察运行效果。如果与控制要求不符,先看 PLC 的输入/输出端子上相应的信号指示是否正确,若信号指示正确,就说明程序是对的,需要检查外部接线是否正确、负载电源是否正常工作等。若 PLC 的输入/输出端子信号指示不正确,就需要检查和修改程序。根据控制要求调试程序时,R0 常开触点和 X3 常开触点同时工作时 R1 线圈工作,由于是在功能表状态下工作,所以可以不考虑 R0 常开触点,只使用 X3 常开触点。注意:错误信号产生错误

的输出,因此需要在程序中增加一些互锁环节(在控制系统中,进料、搅拌、加热器加热时,不允许打开排料阀),为了提高捕捉信号的灵敏度,使用 DF 指令。反复修改、调试,直到按要求正常运行为止。调试后的梯形图如图 3-15 所示。

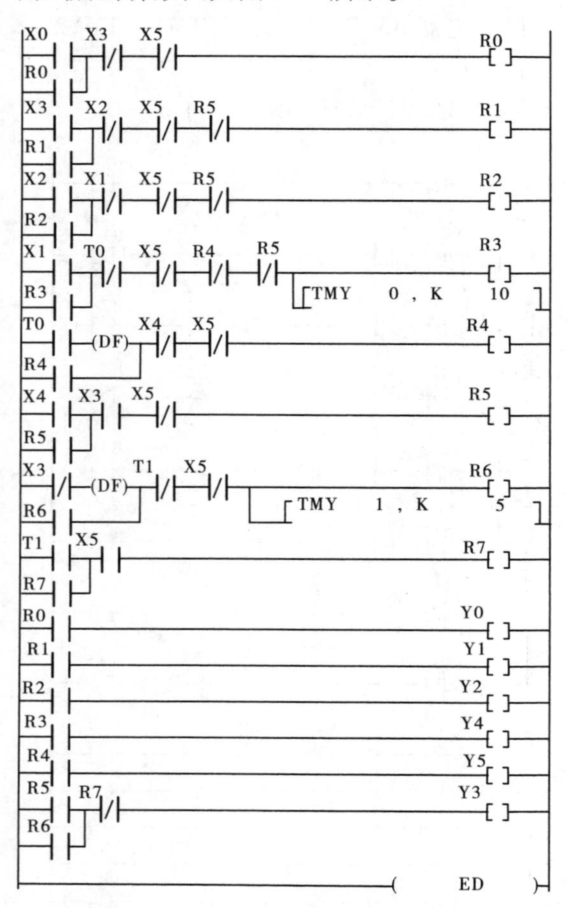

图 3-15 调试后的多种液体自动混合控制梯形图

四、知识拓展——功能表图的基本结构和基本控制指令

(一)功能表图的基本结构

1. 功能表图的基本结构

功能表图的基本结构为单序列、选择序列和并列序列,如图 3-16 所示。有时一张功能表图采用了多种结构形式。

1)单序列

相关知识前面已经讲过,在此不作陈述。

2)选择序列

如图 3-16(a)所示,水平有向连线以上的工步 X2 为活动步,控制过程的进展有工步 X3、X4 和 X5 可供选择,即 X3、X4 和 X5 为使能步。在水平有向连线之下设分支,选择序列的开始是分支,用与进展相同数量的转换 b、c、d 决定进展的路线。如果只选择一个序列,则

同一个时刻与若干个序列相关的转换条件中只能有一个转换条件为真,如 c = 1,工步 X4 被激活,X3 和 X5 停止。

选择序列的结束是合并,用一根水平有向连线合并各分支,把若干个序列汇合到一个公共序列。在合并处,水平有向连线以上要设置与需要合并的序列相同数量的转换,如转换 e、f、和 g。若 X4 为活动步,需要发生从步 X4 到步 X6 的进展,转换条件 f = 1 为真。若步 X5 为活动步,且转换条件 g = 1 为真,则发生从 X5 到步 X6 的进展。

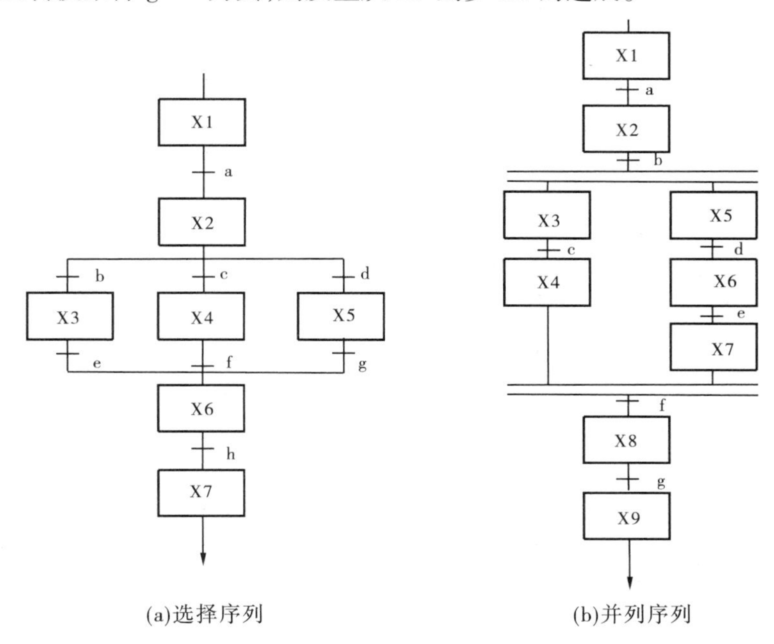

(a)选择序列　　(b)并列序列

图 3-16　功能表图基本结构

图 3-16(a)各步的布尔表达式如下:

分支处　$X2 = (X1 \cdot a + X2) \cdot \overline{a + b + c} = (X1 \cdot a + X2) \cdot \overline{b} \cdot \overline{c} \cdot \overline{d}$

$= (X1 \cdot a + X2) \cdot \overline{X3 + X4 + X5} = (X1 \cdot a + X2) \cdot \overline{X3} \cdot \overline{X4} \cdot \overline{X5}$

$X5 = (X2 \cdot d + X5) \cdot \overline{g} = (X2 \cdot d + X5) \cdot \overline{X6}$

合并处　$X6 = (X3 \cdot e + X6) \cdot \overline{h} = (X3 \cdot e + X6) \cdot \overline{X7}$

$= (X4 \cdot f + X6) \cdot \overline{h} = (X4 \cdot f + X6) \cdot \overline{X7}$

$= (X5 \cdot g + X6) \cdot \overline{h} = (X5 \cdot g + X6) \cdot \overline{X7}$

3)并列序列

图 3-16(b)转换的实现将导致几个序列被同时激活,被同时激活的活动步的进展是彼此独立进行的。并行序列开始和结束都使用双线,表示同步实现,与选择序列相区别。并行序列的开始是分支,双线水平有向连线以上只允许有一个转换符号。只有当工步 X2 处于活动状态,并且与公共转换相关的转换条件 b = 1 为真时,才会发生从步 X2 到步 X3 和步 X4 的进展。

并行序列的结束是合并,在表示同步的双线水平有向连线之下,只允许设置一个转换符号。只有当直接连在双线水平有向连线之上的所有步为活动步,如图 3-16(b)中工步 X4 和工步 X7 为活动步,且与转换相关的转换条件 f = 1 为真时,才会发生从工步 X4、X7 到工步

X8 的进展。转换实现，工步 X4、X7 同时停止，工步 X8 被激活。

图 3-16(b)各步的布尔表达式如下：

分支处 $X2=(X1\cdot a+X2)\cdot\bar{b}=(X1\cdot a+X2)\cdot\overline{X3+X5}=(X1\cdot a+X2)\cdot\overline{X3}\cdot\overline{X5}$

$X3=(X2\cdot b+X3)\cdot\bar{c}=(X2\cdot b+X3)\cdot\overline{X4}$

$X5=(X2\cdot b+X5)\cdot\bar{d}=(X2\cdot d+X5)\cdot\overline{X6}$

合并处 $X4=(X3\cdot c+X4)\cdot\bar{f}=(X2\cdot c+X4)\cdot\overline{X8}$

$X7=(X6\cdot e+X7)\cdot\bar{f}=(X6\cdot e+X7)\cdot\overline{X8}$

$X8=(X4\cdot X7\cdot f+X8)\cdot\bar{g}=(X4\cdot X7\cdot f+X8)\cdot\overline{X9}$

2. *跳步、重复和循环序列*

有的控制过程要求跳过某些工步不执行，重复某些工步或循环执行各工步，其功能表图如图 3-17 所示。

图 3-17(a)的控制过程跳过工步 X3 和 X4 不执行，去执行工步 X5。跳步序列实际上是一种特殊的选择序列，工步 X2 以下分支，有工步 X3 和工步 X4 供选择。各工步布尔表达式如下：

$$X2=(X1\cdot a+X2)\cdot\bar{b}\cdot\bar{e}=(X1\cdot a+X2)\cdot\overline{X3}\cdot\overline{X5}$$

$$X3=(X2\cdot b+X3)\cdot\bar{c}=(X2\cdot b+X3)\cdot\overline{X4}$$

$$X5=(X2\cdot e+X4\cdot d+X5)\cdot\bar{f}=(X2\cdot e+X4\cdot d+X5)\cdot\overline{X6}$$

图 3-17(b)为重复序列，重复执行工步 X3、工步 X4 和工步 X5，当工步 X5 为活动步，转换条件 e = 1、f = 0 时，进展由工步 X5 到 X3，重复执行工步 X3、X4 和 X5 对应的动作，直至转换条件 e = 0、f = 1 时，才结束重复，由工步 X5 进展到工步 X6。同样地，重复序列也是一种特殊的选择序列，工步 X5 以下分支有工步 X6 和工步 X3 供选择，只有当各自的转换条件为真时，才向相应的步进展。各工步布尔表达式如下：

$$X2=(X1\cdot A+X2)\cdot\overline{X3}=(X1\cdot a+X2)\cdot\bar{b}$$

$$X3=(X2\cdot b+X5\cdot e+X3)\cdot\overline{X4}=(X2\cdot b+X5\cdot e+X3)\cdot\bar{c}$$

$$X6=(X5\cdot f+X6)\cdot\bar{g}$$

图 3-17(c)为循环序列，当工步 X6 为活动步，且转换条件 f = 1 为真时，工步 X6 将进展到工步 X1。循环序列是重复序列的特例。

3. *初始步*

每一个功能表至少有一个初始步，如图 3-17(c)中的工步 X1，用初始步等待控制过程启动信号的到来，初始步对应过程的预备阶段，如组合机床某动力头处于原位、液压泵已超支等控制过程初始状态。对图 3-17(c)，$X1=(X6\cdot f+X1)\cdot\overline{X2}$，由于工步 X6 为非活动步，显然第一个工作循环不能启动，解决的方法是在初始步 X1 设置一个启动脉冲信号 L，激活初始步 X1。第一个循环启动后，另加的初始脉冲就不去干扰控制过程的正常运行，通常用控制按钮或专用内部继电器提供初始脉冲信号。加入启动脉冲信号 L 的初始步 X1 的布尔表达式如下：

$$X1=(L+X6\cdot f+X1)\cdot\overline{X2}$$

其中，L 为用内部继电器、启动按钮等提供的启动脉冲信号。

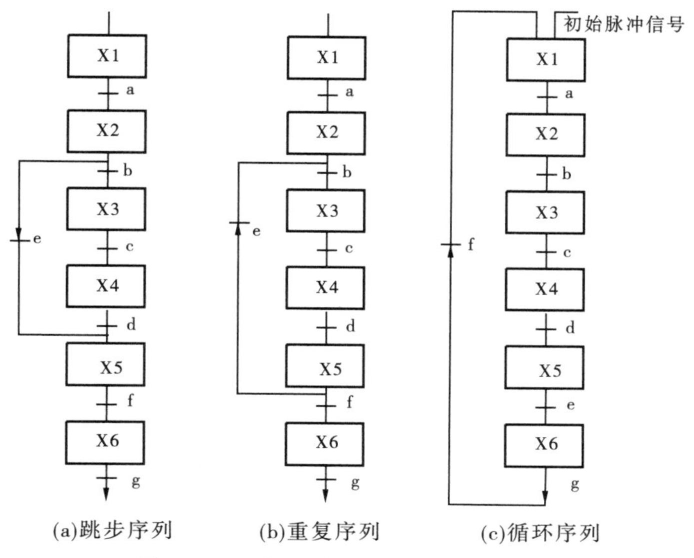

(a)跳步序列　(b)重复序列　(c)循环序列

图 3-17　跳步、重复和循环序列功能表图

(二)基本控制指令

控制指令包括结束指令 ED、CNDE，主控指令 MC、MCE，跳转、循环指令 JP、LOOP、LBL，步进指令 NSTP、NSTL、SSTP、CSTP、STPE 等。这些指令在 PLC 的指令系统占有很重要的地位，它们用来决定程序指令的顺序和流程。用好这类指令，可使程序结构清晰，可读性好，而且增加了编程的灵活性。基本控制指令的名称、助记符、步数、说明详见表 3-1。

表 3-1　基本控制指令

名称	助记符	步数	说明
结束	ED	1	程序结束
条件结束	CNDE	1	只有当输入条件满足时，才能结束此程序
主控继电器开始	MC	2	当输入条件满足时，执行 MC 到 MCE 间的指令
主控继电器结束	MCE	2	
跳转	JP	2	当输入条件满足时，跳转执行同一编号 LBL 指令后面的指令
跳转标记	LBL	1	与 JP 和 LOOP 指令配对使用，标记跳转程序的起始位置
循环跳转	LOOP	4	当输入条件满足时，跳转到同一编号 LBL 指令处，并重复执行 LBL 指令后面的程序，直至指令寄存器中的数减为 0
调子程序	CALL	2	调用指定的子程序
子程序入口	SUB	1	标记子程序的起始位置
子程序返回	RET	1	由子程序返回原主程序
步进开始	SSTP	3	标记第 n 段步进程序的起始位置

续表 3-1

名称	助记符	步数	说明
脉冲式转入步进	NSTP	3	输入条件接通瞬间(上升沿)转入执行第 n 段步进程序,并将此前的步进过程复位
扫描式转入步进	NSTL	3	输入条件接通后,转入执行第 n 段步进程序,并将此前的步进过程复位
步进清除	CSTP	3	清除与第 n 段步进程序有关的数据
步进结束指令	STPE	1	标记整个步进程序区结束
中断控制	ICTL	5	执行中断的控制命令
中断入口	INT	1	标记中断执行程序的起始位置
中断返回	IRET	1	中断执行程序返回原主程序

本项目主要介绍跳转、循环指令 JP、LOOP、LBL,步进指令 NSTP、NSTL、SSTP、CSTP、STPE。这些指令在 PLC 的指令系统中占有很重要的地位。

(1)JP、LBL 分别是跳转和跳转标记指令。其格式如图 3-18 所示。

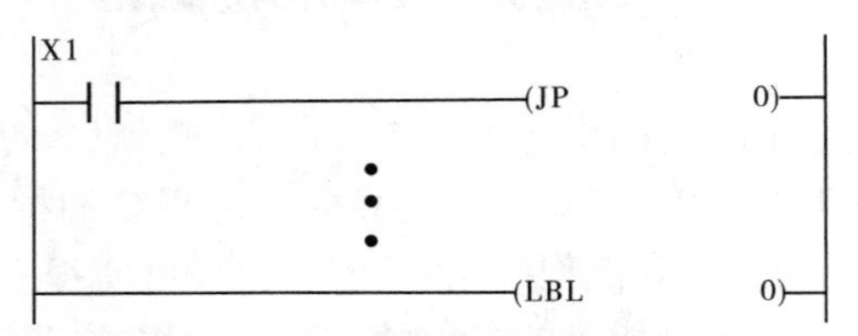

图 3-18　跳转和跳转标记指令格式

书写规定如下:

①JP 指令不能直接从母线开始。

②LBL 指令必须放在 JP 指令后面。

③可以使用多个编号相同的 JP 指令,编号可以是 0 ~ 63 中的任意整数,但不能出现相同编号的 LBL 指令,即允许设置多个跳向一处的跳转点。而且在一对跳转指令之间可以嵌套另一对跳转指令,即跳转指令嵌套(见图 3-19)。

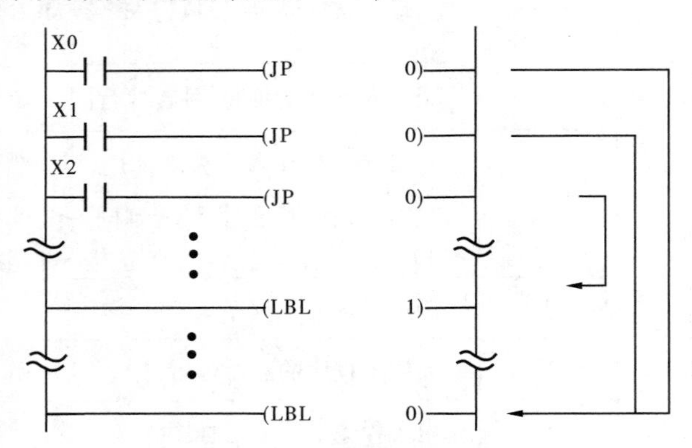

图 3-19　跳转指令嵌套

跳转指令的功能是:当 JP 指令前面的控制触点闭合时,程序不执行 JP 和 LBL 之间的程序，而是跳转到和JP相同编号的LBL处，执行LBL指令下的程序。由于执行跳转指令时，在JP和LBL之间的指令未被执行，所以可使整个程序的扫描周期变短。

在使用跳转指令时要注意以下几个问题：

①当执行跳转指令时，在JP和LBL之间的定时器TM复位，计数器CT和左移寄存器SR保持原有经过值，不继续工作。

②执行跳转指令时，JP和LBL之间的微分指令无效。

③不能从结束指令(ED)以前的程序跳转到ED以后的程序，也不能从子程序或中断程序中向主程序跳转，反过来也不行。

(2)LOOP、LBL分别是循环和跳转标记指令。其格式如图3-20所示。

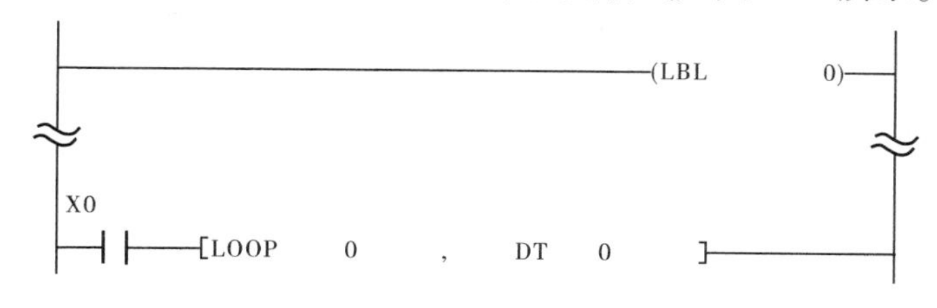

图3-20 循环指令格式

书写规定如下：

①LOOP和LBL指令必须成对使用，且编号应相同。编号可以取0～63中的任意整数。

②当需要在程序中同时使用JP指令时，要注意区分各自的LBL编号，避免编号相同。

③LBL指令可以放在LOOP指令的上面，也可以放在LOOP指令的下面。

循环指令的功能是：当LOOP指令前面的控制触点闭合时，程序反复执行LOOP和LBL之间的程序，每执行一次，数据寄存器DT0中的内容减1，直到DT0中的内容为0，循环停止。

使用循环指令时要注意以下几个问题：

①虽然LBL指令放在LOOP指令的前后不限，但其各自的工作过程有所不同，尤其当含有定时器、计数器和移位寄存器时，情况就更复杂，希望读者仔细推敲。

②当LBL指令位于LOOP指令的上面时，执行循环指令的整个过程都是在一个扫描周期完成的，所以整个循环过程不可太长，否则会因扫描周期变长，影响PLC的响应速度，有时甚至会出现控制错误。

(3)步进指令。

SSTP：指定步进程序的开始。

NSTP：启动指定的步进程序。当检测到触发器的上升沿时，执行NSTP。

NSTL：启动指定的步进程序。若触发器闭合，则每次扫描都执行NSTL。NSTL指令可用于CPU版本为4.0或更高的FP3，以及CPU版本为2.0或更高的FP－M和FP1。

CSTP：将指定的过程清除。

STPE：指定步进程序区的结束。

使用步进指令时需要注意以下几个问题：

①当NSTP或NSTL前面的触点闭合时执行该指令，使程序转入下一段步进程序。此时PLC将前面程序所用过的数据区清除，输出关断，定时器复位。但两者的使用条件是不同

的:NSTP 只在触点由断到通的一瞬间即上升沿时执行,而 NSTL 则只要其前面的触点是闭合的就执行。

②SSTP 指令表示开始启用一段步进程序;CSTP 表示步进清除,当最后一段步进程序执行完后,使用这条指令可自动清除数据区,输出关断,定时器复位;STPE 指令表示步进结束,执行该指令即结束整个步进过程。

③尽管每个步进程序段的程序都是相对独立的,但在各段程序中所用的输出继电器、内部继电器、定时器、计数器等都不允许出现相同编号,否则按出错处理。

用步进指令可以实现多种控制,如顺序控制(参见图 3-11)、选择分支控制(参见图 3-16(a))、并列分支控制(参见图 3-16(b))等。

④标志状态:在刚刚打开一个步进过程的第一个扫描周期,R9015 只接通一瞬间,若使用 R9015,应将 R9015 写在步进过程的开头。

步进指令示例如图 3-21 所示。

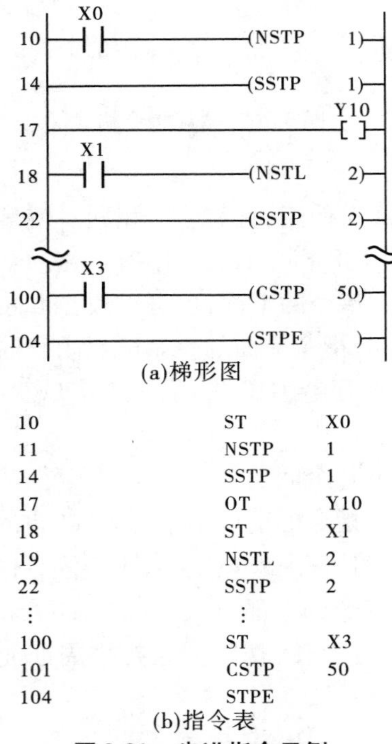

(a)梯形图

10	ST	X0
11	NSTP	1
14	SSTP	1
17	OT	Y10
18	ST	X1
19	NSTL	2
22	SSTP	2
⋮	⋮	
100	ST	X3
101	CSTP	50
104	STPE	

(b)指令表

图 3-21　步进指令示例

五、项目评价

(1)学生讨论。

(2)总结。

①领会功能表图设计方法的思想,根据控制要求按照步骤设计程序。

②在调试过程中,充分考虑各种各样的条件制约关系,在线监控调试,按照“能流”的过程反复调试,直至按要求运行。

(3)思考与练习。

【试试看】 使用功能表图设计一工业用洗衣机，其工作顺序如下：

启动按钮后给水阀就开始给水；当水满达到水满传感器时就停止给水；

①波轮开始正转 5 s→然后反转 5 s→再正转 5 s→…一共转 5 min；

②出水阀开始出水；

③出水 10 s 后停止出水，同时声光报警器报警，叫工作人员来取衣服；

④按停止按钮声光报警器停止，并结束整个工作过程。

【试试看】 使用步进指令设计多种液体自动混合控制系统。

【试试看】 使用步进指令设计三自由度机械手控制系统。

控制要求：

①在初始位置（由上、左、松限位开关确定），按下启动按钮，系统开始工作。

②机械手首先向下运动，运动到最低位置停止。

③机械手开始夹紧工件，直到把工件夹紧（由定时器控制）。

④机械手开始向上运动，一直运动到最上端（由上限位开关确定）。

⑤上限位开关闭合后，机械手开始向右运动。

⑥运行到右端后，机械手开始向下运动。

⑦向下到位后，机械手把工件松开，直到松限位开关有效（由松限位开关控制）。

⑧松开工件后，机械手开始向上运动，直至触动上限位开关（由上限位开关控制）。

⑨到达最上端后，机械手开始向左运动，直到触动左限位开关，此时机械手已回到初始位置。

⑩实现连续循环工作。

⑪正常停车时，机械手回到初始位置时才能停车。

⑫按下急停按钮时，系统立即停止。

项目四 PLC 高级指令应用

高级指令均为扩展功能指令，有 F 和 P 两种类型。F 型是当触发信号闭合时，每个扫描周期都执行的指令；而 P 型是当检测到触发信号闭合的上升沿时执行一次，实际等效于触发信号 DF 指令和 F 型指令串联，因此 P 型指令很少应用。每个指令代码都由大写字母 F 或 P 和序号组成（高级指令的序号是分类编排的），功能号主要用于输入高级指令。

高级指令的内容很多，而同一类指令的功能和用法却大同小异。下面按项目所涉及的指令进行介绍。

任务一 行车方向控制

一、项目目标

通过本项目的学习，学生应掌握传送指令和比较指令的有关知识，会应用传送指令 F0、F1、F2、F3、F5、F6、F10、F11、F15、F16、F17 和比较指令 F60、F62 和 F64 进行梯形图编程，能灵活地将传送指令和比较指令应用于各种控制中，并掌握部分特殊内部继电器 R9010、R900A、R900B 和 R900C 的功能及应用。

二、项目准备

（一）项目分析

某车间有五个工作台，小车往返工作台之间运料，每个工作台有一个到位开关（SQ）和一个呼叫开关（SB）。

运行要求：

（1）小车初始时应停在五个工作台任意一个到位开关位置上。

（2）设小车现在停于 m 号工作台（此时 STm 动作），这时 n 号工作台呼叫（STn 动作）。若 m > n 小车左行，直至 STn 动作到位停车。若 m < n 小车右行，直至 STn 动作到位停车。若 m = n 小车原地不动。

（二）相关知识——传送指令

数据传输指令（F0 ~ F17）包括单字、双字传送，bit 位、digit 位传送，块传送或复制以及数据在寄存器之间交换等指令。

1. F0 MV、P0 PMV 数据传输指令

形式：

［F0 MV ，S，D］

［P0 PMV，S，D］

说明：传输指定区域的 16bit 数据。

(S)→(D)

允许指定存储区类型。

S:WX,WY,WR,WL,SV,EV,DT,LD,FL,IX,IY,常数 K,常数 H。

允许索引寄存器修饰。

D:WY,WR,WL,SV,EV,DT,LD,FL,IX,IY。

允许索引寄存器修饰。

步数:5。

【例】单字数据传输。

```
  |X2
0 |--| |----[F0 MV   ,  EV0   ,DT0   ]
  |
```

程序功能:当 X2 接通时,将定时器经过值寄存器 EV0 的内容传输到数据寄存器 DT0。

2. F1 DMV、P1 PDMV　数据传输指令

形式:

[F1 DMV , S, D]

[P1 PDMV, S, D]

说明:传输指定区域的 32bit 数据。

(S+1, S)→(D+1, D)

允许指定存储区类型。

S:WX,WY,WR,WL,SV,EV,DT,LD,FL,IX,IY,常数 K,常数 H。

允许索引寄存器修饰。

D:WY,WR,WL,SV,EV,DT,LD,FL,IX,IY。

允许索引寄存器修饰。

步数:7。

【例】双字传送。

```
  |X2
0 |--| |----[F1 DMV   ,  WR0   ,DT0   ]
  |
```

程序功能:当触发信号 X2 接通时,内部继电器 WR1、WR0 的内容传送到内部数据存储器 DT1、DT0 中。如果低 16 位区指定为(S,D),则高 16 位区自动指定为(S+1,D+1)。

3. F60 CMP、P60 PCMP　16bit 数据比较

形式:

[F60 CMP,　S1, S2]

[P60 PCMP, S1, S2]

说明:比较指定的两个 16bit 数据,将判定结果输出到特殊内部继电器。

(S1) > (S2) → R900A : ON

(S1) = (S2) → R900B : ON

(S1) < (S2) → R900C : ON

允许指定存储区类型。

S1: WX,WY,WR,WL,SV,EV,DT,LD,FL,IX,常数 K,常数 H。

允许索引寄存器修饰。

S2：WX,WY,WR,WL,SV,EV,DT,LD,FL,IX,常数 K,常数 H。

允许索引寄存器修饰。

步数:5。

4. 部分特殊内部继电器

1) R9010

常闭继电器。

始终置 ON。

2) R900A

>标志。

执行比较指令后，如果比较结果大,该标志为 ON。

3) R900B

=标志。

执行比较指令后，如果比较结果相等，该标志为 ON。

执行运算指令后，如果运算结果为 0，该标志为 ON。

4) R900C

<标志。

执行比较指令后，如果比较结果小，该标志为 ON。

三、项目实施

(一)选择输入/输出设备,分配 I/O 地址,绘制 I/O 接线图

分配 I/O 地址如下：

输入部分:ST0　X0;

ST1　X1;

ST2　X2;

ST3　X3;

ST4　X4;

ST5　X5;

SB1　X6;

SB2　X7;

SB3　X8;

SB4　X9;

SB5　SA。

输出部分:停车　Y0;

左行　Y1;

右行　Y2。

行车方向控制 I/O 接线图如图 4-1 所示。

(二)设计 PLC 控制程序

1. 行车方向控制梯形图

行车方向控制梯形图见图 4-2。

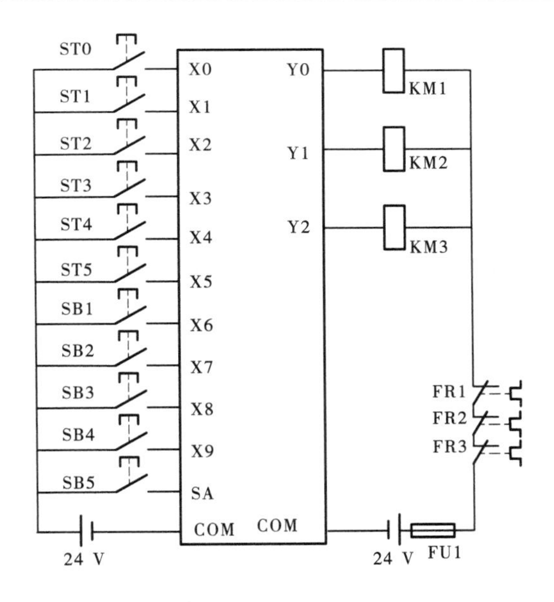

图 4-1　行车方向控制 I/O 接线图

程序说明：

(1) DT0 中存放到位开关(SQ)的号码，DT1 中存放呼叫开关(SB)的号码。当 DT0 中的数据大于 DT1 中的数据时，小车左行，反之则右行。

(2)初始时小车应停在某一到位开关处，否则小车不能启动。

此例中的编程技巧如下：

(1)利用传送指令进行位置和呼叫号的存储。

(2)利用比较指令实现行车方向判断。

2. 行车方向控制指令表

行车方向控制指令表见图 4-3。

(三)程序调试

用普通微型计算机或手持编程器均可输入程序进行调试，用微型计算机调试时，使用配套的编程软件。

按照图 4-1 所示的 I/O 接线图，接好各信号线、电源线以及通信电缆后，写入程序便可以观察运行效果。如果与控制要求不符，先看 PLC 的输入/输出端子上相应的信号指示是否正确，若信号指示正确，就说明程序是对的，需要检查外部接线是否正确、负载电源是否正常工作等。若 PLC 的输入/输出端子信号指示不正确，就需要检查和修改程序，反复调试，直到按要求正常运行。

四、知识拓展

(一) F2 MV/、P2 PMV/　16bit 数据求反传输

形式：

　　[F2 MV/ , S, D]

　　[P2 PMV/, S, D]

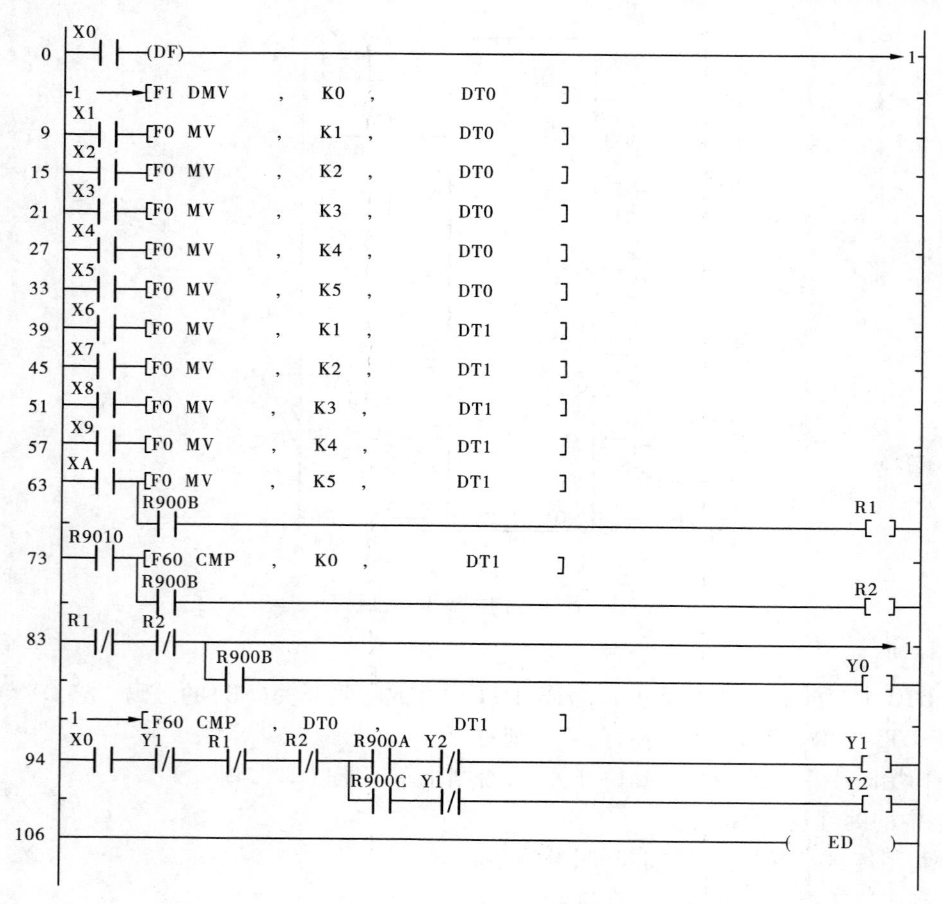

图 4-2 行车方向控制梯形图

说明:将指定区域的 16bit 数据求反后传输。

(S)→(D)

允许指定存储区类型。

S: WX,WY,WR,WL,SV,EV,DT,LD,FL,IX,IY,常数 K,常数 H。

允许索引寄存器修饰。

D: WY,WR,WL,SV,EV,DT,LD,FL,IX,IY。

允许索引寄存器修饰。

步数:5。

(二)F3 DMV/、P3 PDMV/ 32bit 数据求反传输

形式:

[F3 DMV/ , S, D]

[P3 PDMV/, S, D]

说明:将指定区域的 32bit 数据求反后传输。

(S)→(D)

允许指定存储区类型。

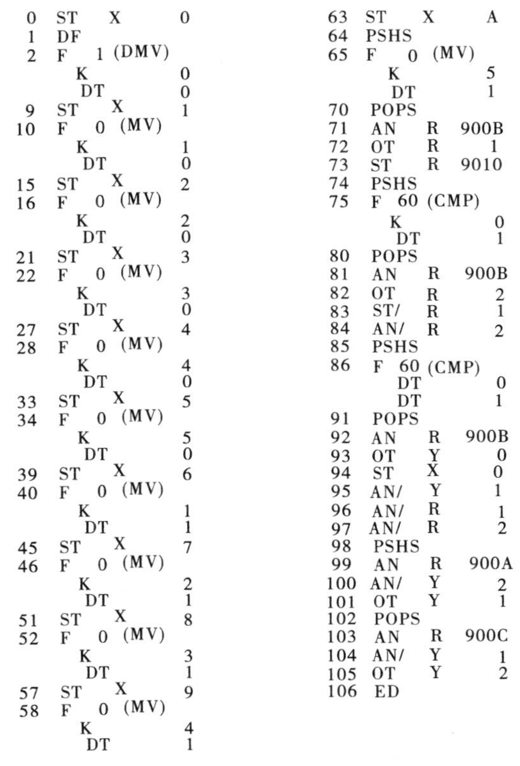

```
  0  ST    X      0          63  ST    X      A
  1  DF                      64  PSHS
  2  F   1 (DMV)             65  F   0 (MV)
       K          0                K          5
       DT         0                DT         1
  9  ST    X      1          70  POPS
 10  F   0 (MV)              71  AN    R   900B
       K          1          72  OT    R      1
       DT         0          73  ST    R   9010
 15  ST    X      2          74  PSHS
 16  F   0 (MV)              75  F  60 (CMP)
       K          2                K          0
       DT         0                DT         1
 21  ST    X      3          80  POPS
 22  F   0 (MV)              81  AN    R   900B
       K          3          82  OT    R      2
       DT         0          83  ST/   R      1
 27  ST    X      4          84  AN/   R      2
 28  F   0 (MV)              85  PSHS
       K          4          86  F  60 (CMP)
       DT         0                DT         0
 33  ST    X      5                DT         1
 34  F   0 (MV)              91  POPS
       K          5          92  AN    R   900B
       DT         0          93  OT    Y      0
 39  ST    X      6          94  ST    X      0
 40  F   0 (MV)              95  AN/   Y      1
       K          1          96  AN/   R      1
       DT         1          97  AN/   R      2
 45  ST    X      7          98  PSHS
 46  F   0 (MV)              99  AN    R   900A
       K          2         100  AN/   Y      2
       DT         1         101  OT    Y      1
 51  ST    X      8         102  POPS
 52  F   0 (MV)             103  AN    R   900C
       K          3         104  AN/   Y      1
       DT         1         105  OT    Y      2
 57  ST    X      9         106  ED
 58  F   0 (MV)
       K          4
       DT         1
```

图 4-3　行车方向控制指令表

S:WX,WY,WR,WL,SV,EV,DT,LD,FL,IX,IY,常数 K,常数 H。

允许索引寄存器修饰。

D:WY,WR,WL,SV,EV,DT,LD,FL,IX,IY。

允许索引寄存器修饰。

步数:7。

(三)F5 BIM、P5 PBTM　位传输指令

形式:

[F5 BTM,　S, n, D]

[P5 PBTM, S, n, D]

说明:将 S 中的任意 1bit 传输到 D 中的任意 1bit。各 bit 由 n 指定。

允许指定存储区类型。

S:WX,WY,WR,WL,SV,EV,DT,LD,FL,IX,IY,常数 K,常数 H。

允许索引寄存器修饰。

n:WY,WR,WL,SV,EV,DT,LD,FL,IX,IY,常数 K,常数 H。

允许索引寄存器修饰。

D:WY,WR,WL,SV,EV,DT,LD,FL,IX,IY。

允许索引寄存器修饰。

步数:7。

【例】16 位数据的位传输(1 位)。

```
  | X0
0 |─┤ ├──[F5 BTM  ,  DT0  ,  H E04  ,DT1]
```

程序功能：当触发信号 X0 接通时，数据寄存器 DT0 位址为 4 的数据被传输到数据寄存器 DT1 的位址为 E 的位上。

（四）F6 DGT、P6 PDGT　十六进制数据（digit）传输指令

形式：

[F6 DGT，　S，n，D]

[P6 PDGT，S，n，D]

说明：将 S 中的任意 1digit 传输到 D 中的任意 1digit。

各 digit 由 n 指定。

允许指定存储区类型。

S：WX，WY，WR，WL，SV，EV，DT，LD，FL，IX，IY，常数 K，常数 H。

允许索引寄存器修饰。

n：WY，WR，WL，SV，EV，DT，LD，FL，IX，IY，常数 K，常数 H。

允许索引寄存器修饰。

D：WY，WR，WL，SV，EV，DT，LD，FL，IX，IY。

允许索引寄存器修饰。

步数：7。

【例】16 位数据的多位传输。

```
  | X0
0 |─┤ ├──[F6 DGT  ,  DT100  ,H0  ,WY0  ]
```

程序功能：当触发信号 X0 接通时，数据寄存器 DT100 的十六进制第 0 位的内容被传输到外部输出字继电器 WY0 的十六进制第 0 位。

（五）F10 BKMV、P10 PBKMV　区块传输指令

形式：

[F10 BKMV，　S1，S2，D]

[P10 PBKMV，S1，S2，D]

说明：将 S1 到 S2 的数据传输到以 D 为起始地址的区域中。

允许指定存储区类型。

S1：WX，WY，WR，WL，SV，EV，DT，LD，FL。

允许索引寄存器修饰。

S2：WX，WR，WL，SV，EV，DT，LD，FL。

允许索引寄存器修饰。

D：WY，WR，WL，SV，EV，DT，LD，FL。

允许索引寄存器修饰。

步数：7。

【例】区块传输。

```
0 |X0
  |--| |----[F10  BKMV   ,  WR0,   WR3  , DT1    ]
```

程序功能：当触发信号 X0 接通时，数据块中从内部字继电器 WR0 到 WR3 的数据被传输到从数据寄存器 DT1 起始的数据区中。

(六)F11 COPY、P11 PCOPY　**块传输指令**

形式：

[F11 COPY，　S，D1，D2]

[P11 PCOPY，S，D1，D2]

说明：将 S 中的数据复制到 D1 到 D2 的全部区域。

允许指定存储区类型。

S：WX，WY，WR，WL，SV，EV，DT，LD，FL，IX，IY，常数 K，常数 H。

允许索引寄存器修饰。

D1：WY，WR，WL，SV，EV，DT，LD，FL。

允许索引寄存器修饰。

D2：WY，WR，WL，SV，EV，DT，LD，FL。

允许索引寄存器修饰。

步数：7。

(七)F15 XCH、P15 PXCH　16bit **数据交换**

形式：

[F15 XCH，　D1，D2]

[P15 PXCH，D1，D2]

说明：交换两个区域中的 16bit 数据。

(D1) → (D2)，(D2) → (D1)

允许指定存储区类型。

D1：WY，WR，WL，SV，EV，DT，LD，FL，IX，IY。

允许索引寄存器修饰。

D2：WY，WR，WL，SV，EV，DT，LD，FL，IX，IY。

允许索引寄存器修饰。

步数：5。

(八)F16 DXCH、P16 PDXCH　32bit **数据交换**

形式：

[F16 DXCH，　D1，D2]

[P16 PDXCH，D1，D2]

说明：交换两个区域中的 32bit 数据。

(D1 +1，D1) → (D2 +1，D2)

(D2 +1，D2) → (D1 +1，D1)

允许指定存储区类型。

D1：WY，WR，WL，SV，EV，DT，LD，FL，IX。

允许索引寄存器修饰。

D2:WY,WR,WL,SV,EV,DT,LD,FL,IX。

允许索引寄存器修饰。

步数:5。

(九)F17 SWAP、P17 PSWAP　16 位数据中高/低字节互换指令

形式:

[F17 SWAP,　D]

[P17 PSWAP, D]

说明:交换 D 的高字节和低字节。

允许指定存储区类型。

D:WY,WR,WL,SV,EV,DT,LD,FL,IX,IY。

允许索引寄存器修饰。

步数:3。

【例】高低字节互换。

```
   |X0
 0 |─┤ ├──[F17 SWAP    ,   WY1    ]
   |
```

程序功能:当触发信号 X0 接通时,外部输出字寄存器 WY1 中高字节(高 8 位)和低字节(低 8 位)互换。例如,指令执行前 WY1 中存储数据为 H04D2,则高低字节互换后 WY1 中的数据为 HD204。

(十)F62 WIN、P62 PWIN　16bit 数据区段比较

形式:

[F62 WIN,　S1, S2, S3]

[P62 PWIN, S1, S2, S3]

说明:对带符号的 16bit 数据进行区段比较,将判定结果输出到特殊内部继电器。

(S1) > (S3)　　→ R900A : ON

(S2) ≤ (S1) ≤ (S3)　→ R900B : ON

(S1) < (S2)　　→ R900C : ON

允许指定存储区类型。

S1:WX,WY,WR,WL,SV,EV,DT,LD,FL,IX,IY,常数 K,常数 H。

允许索引寄存器修饰。

S2:WX,WY,WR,WL,SV,EV,DT,LD,FL,IX,IY,常数 K,常数 H。

允许索引寄存器修饰。

S3:WX,WY,WR,WL,SV,EV,DT,LD,FL,IX,IY,常数 K,常数 H。

允许索引寄存器修饰。

步数:7。

(十一)F64 BCMP、P64 PBCMP　数据块比较

形式:

[F64 BCMP,　S1, S2, S3]

[P64 PBCMP, S1, S2, S3]

说明:比较以 S2、S3 为起始地址的两个数据块是否一致。

S1 为控制码。

允许指定存储区类型。

S1: WX,WY,WR,WL,SV,EV,DT,LD,FL,IX,常数 K,常数 H。

允许索引寄存器修饰。

S2: WX,WY,WR,WL,SV,EV,DT,LD,FL。

允许索引寄存器修饰。

S3: WX,WY,WR,WL,SV,EV,DT,LD,FL。

允许索引寄存器修饰。

步数:7。

注意:FP5 控制单元 Ver4.5 以上、FP3 控制单元 Ver4.0 以上支持。

五、项目评价

(1)学生讨论。

(2)总结。

①掌握传送指令的有关知识,能熟练地运用传送指令进行编程。

②掌握特殊内部继电器 R9010、R900A、R900B、R900C 的应用。

(3)思考与练习。

【试试看】 试用传送指令实现电动机 Y/△降压启动控制。

【试试看】 用三个开关(X1、X2、X3)控制一盏灯 Y0,当三个开关全通,或者全断时灯亮,其他情况灯灭。(使用比较指令)

【试试看】 用四个开关控制一盏灯,当四个开关状态相同时灯亮,其他情况灯灭。(使用比较指令)

任务二 自动售货机控制

一、项目目标

通过本项目的学习,学生应掌握 BIN 算术运算、BCD 算术运算、逻辑运算和数据转换的有关知识,会应用 BIN 算术运算指令 F20、F25、F27、F30、F32、F35、F37、F160,BCD 算术运算指令 F41、F46、F51、F53、F56、F58,逻辑运算指令 F65、F66、F67 和数据转换指令 F84、F85、F95 进行梯形图编程,能灵活地将这些指令应用于各种控制中,并掌握部分特殊内部继电器 R9013 和 R901C 的功能及应用。

二、项目准备

(一)项目分析

此自动售货机可投入 1 元、5 元或 10 元硬币。当投入的硬币总值等于或超过 12 元时,汽水按钮指示灯亮;当投入的硬币总值超过 15 元时,汽水、咖啡按钮指示灯都亮。当汽水按

钮指示灯亮时，按汽水按钮，则汽水排出 7 s 后自动停止。汽水排出时，相应指示灯闪烁。当咖啡指示灯亮时，动作同上。若投入的硬币总值超过所需钱数(汽水 12 元、咖啡 15 元)，找钱指示灯亮。

（二）相关知识——四则运算指令

BIN 算术运算又分 16bit 和 32bit 两种，BCD 算术运算也分 4 位 BCD 和 8 位 BCD 两种。各种运算指令还分为两个操作数和三个操作数两类。

1. F20 +、P20 P+　十六位数相加指令

形式：

[F20 +,　S, D]

[P20 P+, S, D]

说明：16bit 数据加法运算。

(D) + (S) → (D)

允许指定存储区类型。

S：WX，WY，WR，WL，SV，EV，DT，LD，FL，IX，IY，常数 K，常数 H。

允许索引寄存器修饰。

D：WY，WR，WL，SV，EV，DT，LD，FL，IX，IY。

允许索引寄存器修饰。

步数：5。

2. F25 -、P25 P-　十六位数相减指令

形式：

[F25 -,　S, D]

[P25 P-, S, D]

说明：16bit 数据减法运算。

(D) - (S) → (D)

允许指定存储区类型。

S：WX，WY，WR，WL，SV，EV，DT，LD，FL，IX，IY，常数 K，常数 H。

允许索引寄存器修饰。

D：WY，WR，WL，SV，EV，DT，LD，FL，IX，IY。

允许索引寄存器修饰。

步数：5。

【例】十六位数减法。

```
0 |X0
  |—| |——[F25 -      ,  DT0   ,   DT2   ]
```

程序功能：当触发信号 X0 接通时，把数据寄存器 DT2 中的内容减去数据寄存器 DT0 中的内容，相减的结果存储在数据寄存器 DT2 中。例如，指令执行前 DT2 中存储的数据为 K893，DT0 中存储的数据为 K453，则相减后 DT2 中的数据为 K441。

3. 部分特殊内部继电器

1) R9013

初始脉冲继电器(ON)。

运行(RUN)开始后的第一个扫描周期为 ON，从第二个扫描周期开始变为 OFF。

2) R901C

1 s 时钟脉冲继电器。

周期为 1 s 的时钟脉冲。

三、项目实施

(一) 选择输入/输出设备，分配 I/O 地址，绘制 I/O 接线图

分配 I/O 地址如下：

输入部分：

X0:1 元投币口；

X1:5 元投币口

X2:10 元投币口；

X3:咖啡按钮；

X4:汽水按钮；

X7:计数手动复位。

输出部分：

Y0:咖啡出口；

Y1:汽水出口；

Y2:咖啡按钮指示灯；

Y3:汽水按钮指示灯；

Y7:找钱指示灯。

自动售货机控制 I/O 接线图见图 4-4。

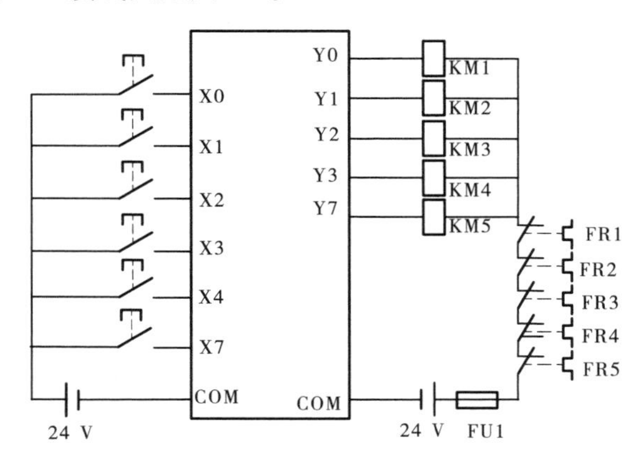

图 4-4　自动售货机控制 I/O 接线图

(二) 设计 PLC 控制程序

1. 梯形图

自动售货机控制梯形图见图 4-5。

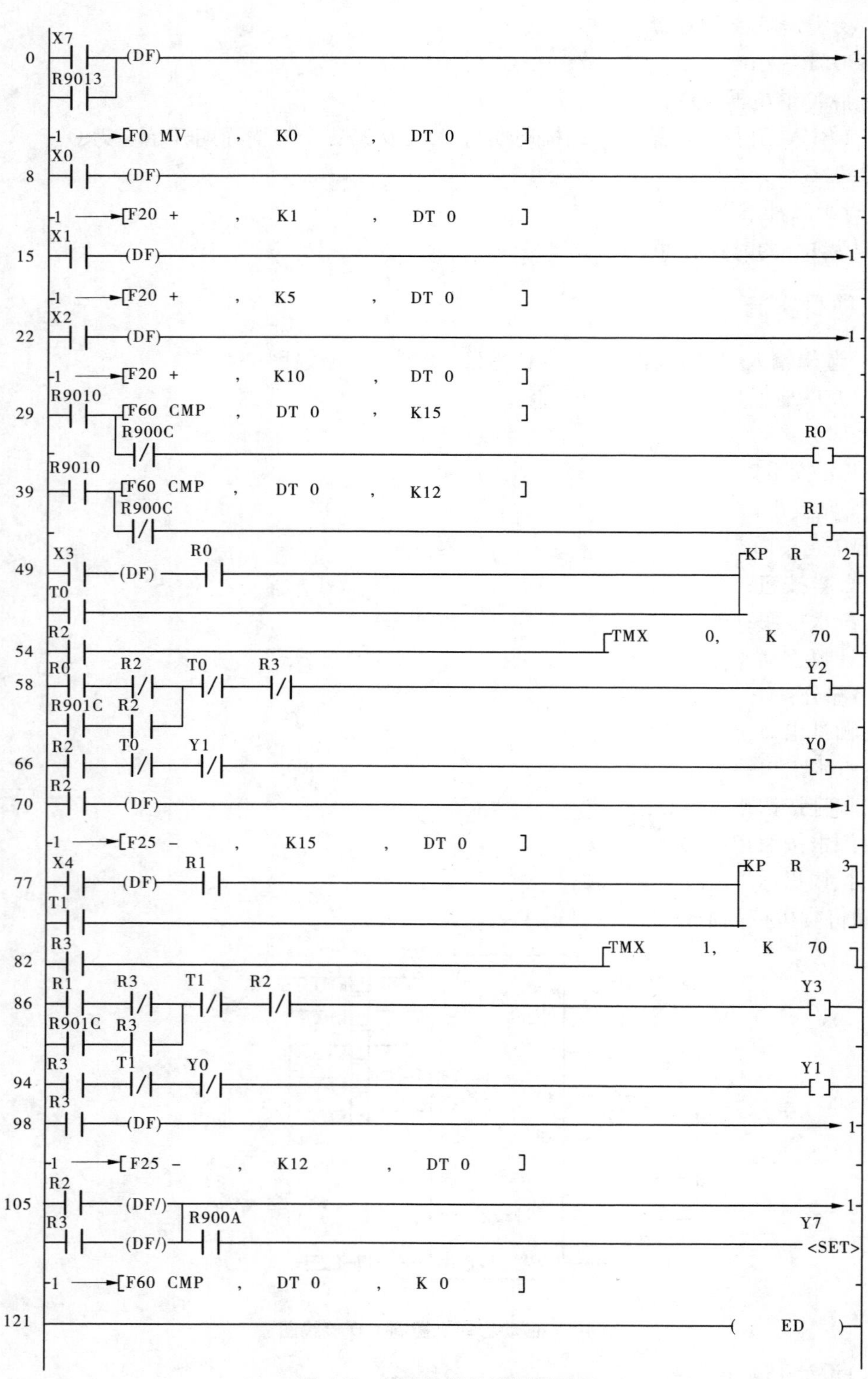

图 4-5　自动售货机控制梯形图

程序说明：

(1)该程序使用了特殊继电器 R9013、R9010 和 R901C。特殊继电器是 PLC 中十分有用的资源,学会使用它们不但可节省大量外部资源,有时还可简化程序。特殊继电器 R9013 是上电初始“ON”继电器,而且只接通一个扫描周期。在程序的初始设置中使用它不但可以省略 DF 指令,还可以节省一个开关。R9010 是上电后常“ON”继电器。R901C 是内部定时时钟脉冲,可以产生周期为 1 s、占空比为 1:1的方波脉冲,在程序中常用作秒脉冲定时信号。

(2)该程序还使用了运算指令,如比较指令和加减运算指令,巧妙地实现了投币值累加、货币值多少的判断及找钱等带有一定智能的控制,充分体现了 PLC 的优点,这样的控制换用传统继电器是无法实现的。

2. 指令表

自动售货机控制指令表见图 4-6。

```
  1  OR    R      9013
  2  DF
  3  F   0  (MV)
       K          0
       DT         0
  8  ST    X      0
  9  DF
 10  F   20(+)
       K          1
       DT         0
 15  ST    X      1
 16  DF
 17  F   20(+)
       K          5
       DT         0
 22  ST    X      2
 23  DF
 24  F   20(+)
       K          10
       DT         0
 29  ST    R      9010
 30  PSHS
 31  F   60  (CMP)
       DT         0
       K          15
 36  POPS
 37  AN/   R      900C
 38  OT    R      0
 39  ST    R      9010
 40  PSHS
 41  F   60(CMP)
       DT         0
       K          12
 46  POPS
 47  AN/   R      900C
 48  OT    R      1
 49  ST    X      3
 50  DF
 51  AN    R      0
 52  ST    T      0
 53  KP    R      2
 54  ST    R      2
 55  TMX          0
       K          70
 58  ST    R      0
 59  AN/   R      2
 60  ST    R      901C
 61  AN    R      2
 62  ORS
 63  AN    T      0
 64  AN/   R      3
 65  OT    Y      2
 66  ST    R      2
 67  AN/   T      0
 68  AN/   T      1
 69  OT    T      0
 70  ST    R      2
 71  DF
 72  F   25(-)
       K          15
       DT         0
 77  ST    X      4
 78  DF
 79  AN    R   1
 80  ST    T      1
 81  KP    R      3
 82  ST    R      3
 83  TMX          1
       K          70
 86  ST    R      1
 87  AN/   R      3
 88  ST    R      901C
 89  AN    R      3
 90  ORS
 91  AN/   T      1
 92  AN/   R      2
 93  OT    Y      3
 94  ST    R      3
 95  AN/   T      1
 96  AN/   Y      0
 97  OT    Y      1
 98  ST    R      3
 99  DF
100  F   25(-)
       K          12
       DT         0
105  ST    R      2
106  DF/
107  ST    R      3
108  DF/
109  ORS
110  PSHS
111  F   60(CMP)
       DT         0
116  POPS
117  AN    R      900A
118  SET   Y      7
121  ED
```

图 4-6 自动售货机控制指令表

(三)程序调试

用普通微型计算机或手持编程器均可输入程序进行调试,用微型计算机调试时,使用配套的编程软件。

按照如图 4-4 所示的 I/O 接线图，接好各信号线、电源线以及通信电缆后，写入程序便可以观察运行效果。如果与控制要求不符，先看 PLC 的输入/输出端子上相应的信号指示是否正确，若信号指示正确，就说明程序是对的，需要检查外部接线是否正确、负载电源是否正常工作等。若 PLC 的输入/输出端子信号指示不正确，就需要检查和修改程序，反复调试，直到按要求正常运行为止。

四、知识拓展

(一)F27 -、P27 P- 16bit 减法

形式：

[F27 -, S1, S2, D]

[P27 P-, S1, S2, D]

说明：16bit 数据减法运算指令。

(S1) - (S2)→(D)

允许指定存储区类型。

S1：WX，WY，WR，WL，SV，EV，DT，LD，FL，IX，IY，常数 K，常数 H。

允许索引寄存器修饰。

S2：WX，WY，WR，WL，SV，EV，DT，LD，FL，IX，IY，常数 K，常数 H。

允许索引寄存器修饰。

D：WY，WR，WL，SV，EV，DT，LD，FL，IX，IY。

允许索引寄存器修饰。

步数：7。

(二)F30 *、P30 P* 16bit 乘法

形式：

[F30 *, S1, S2, D]

[P30 P*, S1, S2, D]

说明：16bit 数据乘法运算。

(S1) × (S2) → (D+1, D)

允许指定存储区类型。

S1：WX，WY，WR，WL，SV，EV，DT，LD，FL，IX，IY，常数 K，常数 H。

允许索引寄存器修饰。

S2：WX，WY，WR，WL，SV，EV，DT，LD，FL，IX，IY，常数 K，常数 H。

允许索引寄存器修饰。

D：WY，WR，WL，SV，EV，DT，LD，FL，IX。

允许索引寄存器修饰。

步数：7。

(三)F32 %、P32 P% 16bit 除法

形式：

[F32 %, S1, S2, D]

[P32 P%, S1, S2, D]

说明：16bit 数据除法运算。

(S1) ÷ (S2) →商(D)

余数(DT9015)

允许指定存储区类型。

注意：FP10、FP10S、FP10SH、FP2、FP2SH 中的余数存放于 DT9015 中。

S1：WX,WY,WR,WL,SV,EV,DT,LD,FL,IX,IY,常数 K,常数 H。

允许索引寄存器修饰。

S2：WX,WY,WR,WL,SV,EV,DT,LD,FL,IX,IY,常数 K,常数 H。

允许索引寄存器修饰。

D：WY,WR,WL,SV,EV,DT,LD,FL,IX,IY。

允许索引寄存器修饰。

步数:7。

(四)F35　+1、P35 P+1　16bit 数据加 1 指令

形式：

[F35　+1,　D]

[P35 P+1, D]

说明:16bit 数据加 1。

(D) +1 → (D)

允许指定存储区类型。

D：WY,WR,WL,SV,EV,DT,LD,FL,IX,IY。

允许索引寄存器修饰。

步数:3。

(五)F37　-1、P37 P-1　16bit 数据减 1 指令

形式：

[F37　-1, D]

[P37 P-1, D]

说明:16bit 数据减 1。

(D) -1 → (D)

允许指定存储区类型。

D：WY,WR,WL,SV,EV,DT,LD,FL,IX,IY。

允许索引寄存器修饰。

步数:3。

(六)F160 DSQR、P160 PDSQR　2 字(32bit)数据平方根

形式：

[F160 DSQR,　S, D]

[P160 PDSQR, S, D]

说明:计算 32bit 数据的平方根。

$\sqrt{(S)}$ → (D)小数点以下部分舍去。

允许指定存储区类型。

S:WX,WY,WR,WL,SV,EV,DT,LD,FL,IX,常数 K,常数 H。

允许索引寄存器修饰。

D:WY,WR,WL,SV,EV,DT,LD,FL。

允许索引寄存器修饰。

步数:7。

(七)F41 DB+、P41 PDB+　8 位 BCD 加法

形式:

[F41 DB+,　S, D]

[P41 PDB+, S, D]

说明:8 位 BCD 数据加法运算。

(D+1, D)+(S+1, S) → (D+1, D)

允许指定存储区类型。

S:WX,WY,WR,WL,SV,EV,DT,LD,FL,IX,常数 K,常数 H。

允许索引寄存器修饰。

D:WY,WR,WL,SV,EV,DT,LD,FL,IX。

允许索引寄存器修饰。

步数:7。

(八)F46 DB-、P46 PDB-　8 位 BCD 减法

形式:

[F46 DB-,　S, D]

[P46 PDB-, S, D]

说明:8 位 BCD 数据减法运算。

(D+1, D)-(S+1, S) → (D+1, D)

允许指定存储区类型。

S:WX,WY,WR,WL,SV,EV,DT,LD,FL,IX,常数 K,常数 H。

允许索引寄存器修饰。

D:WY,WR,WL,SV,EV,DT,LD,FL,IX。

允许索引寄存器修饰。

步数:7。

(九)F51 DB*、P51 PDB*　8 位 BCD 数据乘法

形式:

[F51 DB*,　S1, S2, D]

[P51 PDB*, S1, S2, D]

说明:8 位 BCD 数据乘法运算。

(S1+1, S1)×(S2+1, S2) → (D+3, D+2, D+1, D)。

允许指定存储区类型。

S1:WX,WY,WR,WL,SV,EV,DT,LD,FL,IX,常数 K,常数 H。

允许索引寄存器修饰。

S2:WX,WY,WR,WL,SV,EV,DT,LD,FL,IX,常数 K,常数 H。

允许索引寄存器修饰。

D：WY，WR，WL，SV，EV，DT，LD，FL。

允许索引寄存器修饰。

步数：11。

（十）F53 DB%、P53 PDB% 8位BCD除法

形式：

[F53 DB%， S1，S2，D]

[P53 PDB%，S1，S2，D]

说明：8位BCD数据除法运算。

(S1+1，S1)÷(S2+1，S2)→商(D+1，D)

余数(DT9016，DT9015)

允许指定存储区类型。

注意：FP10、FP10S、FP10SH、FP2、FP2SH中的余数存放于DT9016、DT9015中。

S1：WX，WY，WR，WL，SV，EV，DT，LD，FL，IX，常数K，常数H。

允许索引寄存器修饰。

S2：WX，WY，WR，WL，SV，EV，DT，LD，FL，IX，常数K，常数H。

允许索引寄存器修饰。

D：WY，WR，WL，SV，EV，DT，LD，FL。

允许索引寄存器修饰。

步数：11。

（十一）F56 DB+1、P56 PDB+1 8位BCD数据加1

形式：

[F56 DB+1， D]

[P56 PDB+1，D]

说明：8位BCD数据加1。

(D+1，D)+1→(D+1，D)

允许指定存储区类型。

D：WY，WR，WL，SV，EV，DT，LD，FL，IX。

允许索引寄存器修饰。

步数：3。

（十二）F58 DB-1、P58 PDB-1 8位BCD数据减1

形式：

[F58 DB-1， D]

[P58 PDB-1，D]

说明：8位BCD数据减1。

(D+1，D)-1→(D+1，D)

允许指定存储区类型。

D：WY，WR，WL，SV，EV，DT，LD，FL，IX。

允许索引寄存器修饰。

步数:3。

(十三)F65 WAN、P65 PWAN　16bit **数据逻辑与**

形式:

[F65 WAN,　S1, S2, D]

[P65 PWAN, S1, S2, D]

说明:进行16bit数据的与逻辑运算。

(S1)∧(S2)→(D)

允许指定存储区类型。

S1:WX,WY,WR,WL,SV,EV,DT,LD,FL,IX,IY,常数K,常数H。

允许索引寄存器修饰。

S2:WX,WY,WR,WL,SV,EV,DT,LD,FL,IX,IY,常数K,常数H。

允许索引寄存器修饰。

D:WY,WR,WL,SV,EV,DT,LD,FL,IX,IY。

允许索引寄存器修饰。

步数:7。

(十四)F66 WOR、P66 PWOR　16bit **数据逻辑或**

形式:

[F66 WOR,　S1, S2, D]

[P66 PWOR, S1, S2, D]

说明:进行16bit数据的或逻辑运算。

(S1)∨(S2)→(D)

允许指定存储区类型。

S1:WX,WY,WR,WL,SV,EV,DT,LD,FL,IX,IY,常数K,常数H。

允许索引寄存器修饰。

S2:WX,WY,WR,WL,SV,EV,DT,LD,FL,IX,IY,常数K,常数H。

允许索引寄存器修饰。

D:WY,WR,WL,SV,EV,DT,LD,FL,IX,IY。

允许索引寄存器修饰。

步数:7。

(十五)F67 XOR、P67 PXOR　16bit **数据逻辑异或**

形式:

[F67 XOR,　S1, S2, D]

[P67 PXOR, S1, S2, D]

说明:进行16bit数据的异或逻辑运算。

{(S1)∧NOT(S2)}∨{NOT(S1)∧(S2)}→(D)

允许指定存储区类型。

S1:WX,WY,WR,WL,SV,EV,DT,LD,FL,IX,IY,常数K,常数H。

允许索引寄存器修饰。

S2:WX,WY,WR,WL,SV,EV,DT,LD,FL,IX,IY,常数K,常数H。

允许索引寄存器修饰。

D:WY,WR,WL,SV,EV,DT,LD,FL,IX,IY。

允许索引寄存器修饰。

步数:7。

(十六)F84 INV、P84 PINV 16bit 数据求反

形式:

[F84 INV, D]

[P84 PINV, D]

说明:D 中数据的各位求反。

允许指定存储区类型。

D:WY,WR,WL,SV,EV,DT,LD,FL,IX,IY。

允许索引寄存器修饰。

步数:3。

(十七)F85 NEG、P85 PNEG 16bit 数据求补

形式:

[F85 NEG, D]

[P85 PNEG, D]

说明:D 中的数据各位求反后加 1(符号反转)。

允许指定存储区类型。

D:WY,WR,WL,SV,EV,DT,LD,FL,IX,IY。

允许索引寄存器修饰。

步数:3。

(十八) F95 ASC、P95 PASC ASCII 码转换

形式:

[F95 ASC, S, D]

[P95 PASC, S, D]

说明:将 S 中的字符串 12 个文字转换为 ASCII 码,结果存放于 D ~ D+5 中。

允许指定存储区类型。

S:常数 M。

不允许索引寄存器修饰。

D:WY,WR,WL,SV,EV,DT,LD,FL,IX。

不允许索引寄存器修饰。

步数:15。

五、项目评价

(1)学生讨论。

(2)总结。

①掌握四则运算指令的有关知识,能熟练地运用运算指令进行编程,解决问题。

②掌握特殊内部继电器 R9013、R901C 的应用。

(3)思考与练习。

【试试看】 ①试用四则运算指令计算 Y = 23 + 35 - 17 的结果。

②分别用 BIN 算术运算指令和 BCD 算术运算指令完成下式的计算:

$$\frac{(1\ 234+4\ 321)\times 123-4\ 565}{1\ 234}$$

③完成 4 位 BCD 码减 4 位 BCD 码的运算,显示运算结果。

④完成 4 位 BCD 码乘 4 位 BCD 码的运算,显示运算结果。

⑤完成 4 位 BCD 码除 4 位 BCD 码的运算,显示运算结果。

任务三　机械手控制

一、项目目标

通过本项目的学习,学生应掌握移位指令的有关知识,会应用移位指令进行梯形图编程,能灵活地将移位指令应用于各种控制中,并掌握部分特殊内部继电器 R9011 的用法和功能。

二、项目准备

(一)项目分析

图 4-7、图 4-8 分别是机械手示意图和动作时序图,机械手的任务是将传送带 A 上的物品搬运到传送带 B 上。为使机械手动作准确,在机械手的极限位置安装了限位开关 SQ1、SQ2、SQ3、SQ4、SQ5,对机械手分别进行抓紧、左转、右转、上升、下降动作的限位,并发出动作到位的输入信号。传送带 A 上装有光电开关 SP,用于检测传送带 A 上的物品是否到位。机械手的启、停由启动按钮 SB1、停止按钮 SB2 控制。

(二)相关知识——移位指令

1. SR:寄存器移位

梯形图:

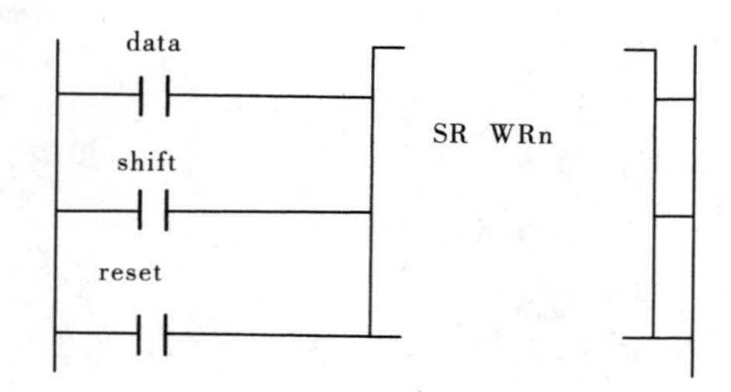

说明:将 WRn 向左移 1bit。

允许指定继电器种类。

D:WR。

不允许索引寄存器修饰。

步数:1。

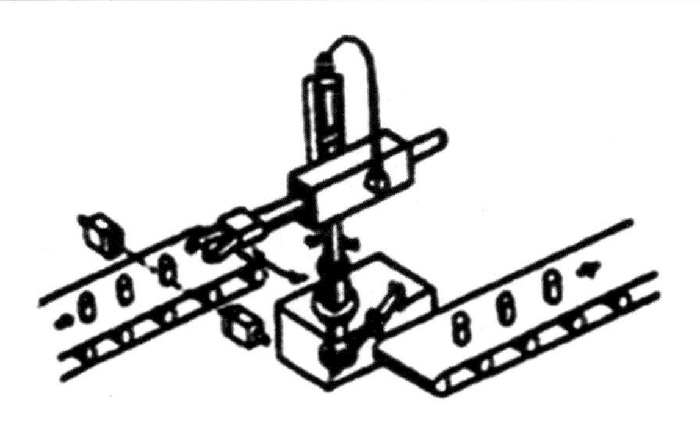

图 4-7　机械手示意图

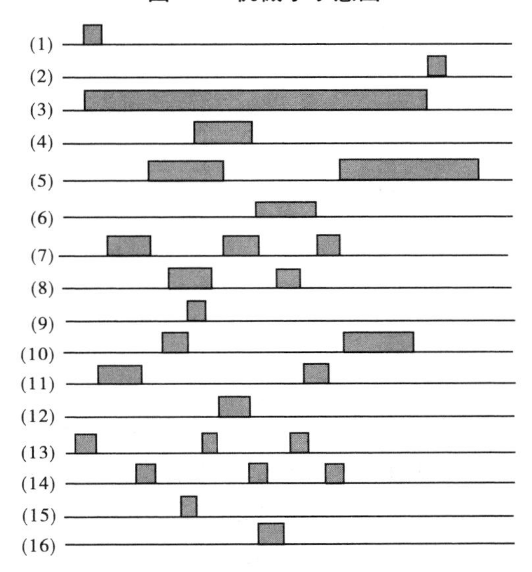

(1)启动按钮;(2)停止按钮;(3)操作;(4)抓限位;(5)手臂左旋限位;
(6)手臂右旋限位;(7)手臂上升限位;(8)手臂下降限位;(9)物体检测;(10)传送带 A;
(11)手臂左旋;(12)手臂右旋;(13)手臂上升;(14)手臂下降;(15)抓;(16)放

图 4-8　机械手动作时序图

2. 部分特殊内部继电器

R9011:常开继电器。

始终置 OFF。

三、项目实施

(一)选择输入/输出设备,分配 I/O 地址,绘制 I/O 接线图

输入部分:

X0:启动开关;

X1:停止开关;

X2:抓动作限位行程开关;

X3:左旋限位行程开关;

X4:右旋限位行程开关;

X5:上升限位行程开关;

X6:下降限位行程开关;

X7:物品检测开关(光电开关)。

输出部分:

Y0:传送带 A 运行;

Y1:驱动手臂左旋;

Y2:驱动手臂右旋;

Y3:驱动手臂上升;

Y4:驱动手臂下降;

Y5:驱动机械手抓动作;

Y6:驱动机械手放动作;

机械手控制 I/O 接线图见图 4-9。

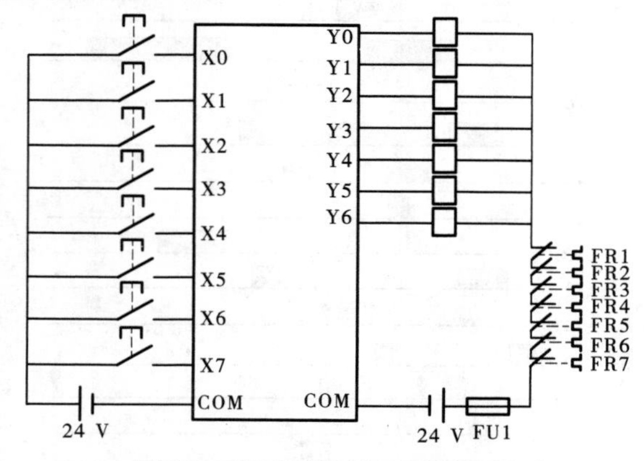

图 4-9　机械手控制 I/O 接线图

(二)设计 PLC 控制程序

1. 梯形图

(1)用移位指令编写的机械手控制梯形图如图 4-10 所示。

说明:这是一个典型的步进顺序控制系统,程序中使用移位指令实现这一控制,思路巧妙,结构清晰。

(2)用步进指令编写的机械手控制梯形图如图 4-11 所示。

说明:程序中使用了步进指令实现这一控制。虽然程序稍长,但可保证其动作顺序有条不紊,一环紧扣一环,表现出步进指令的突出优点,即使有误操作,也不会造成紊乱,因为上步动作未完成,下步动作不可能开始。

2. 指令表

(1)用移位指令编写的机械手控制指令表如图 4-12 所示。

(2)用步进指令编写的机械手控制指令表如图 4-13 所示。

(三)程序调试

用普通微型计算机或手持编程器均可输入程序进行调试,用微型计算机调试时,使用配套的编程软件。

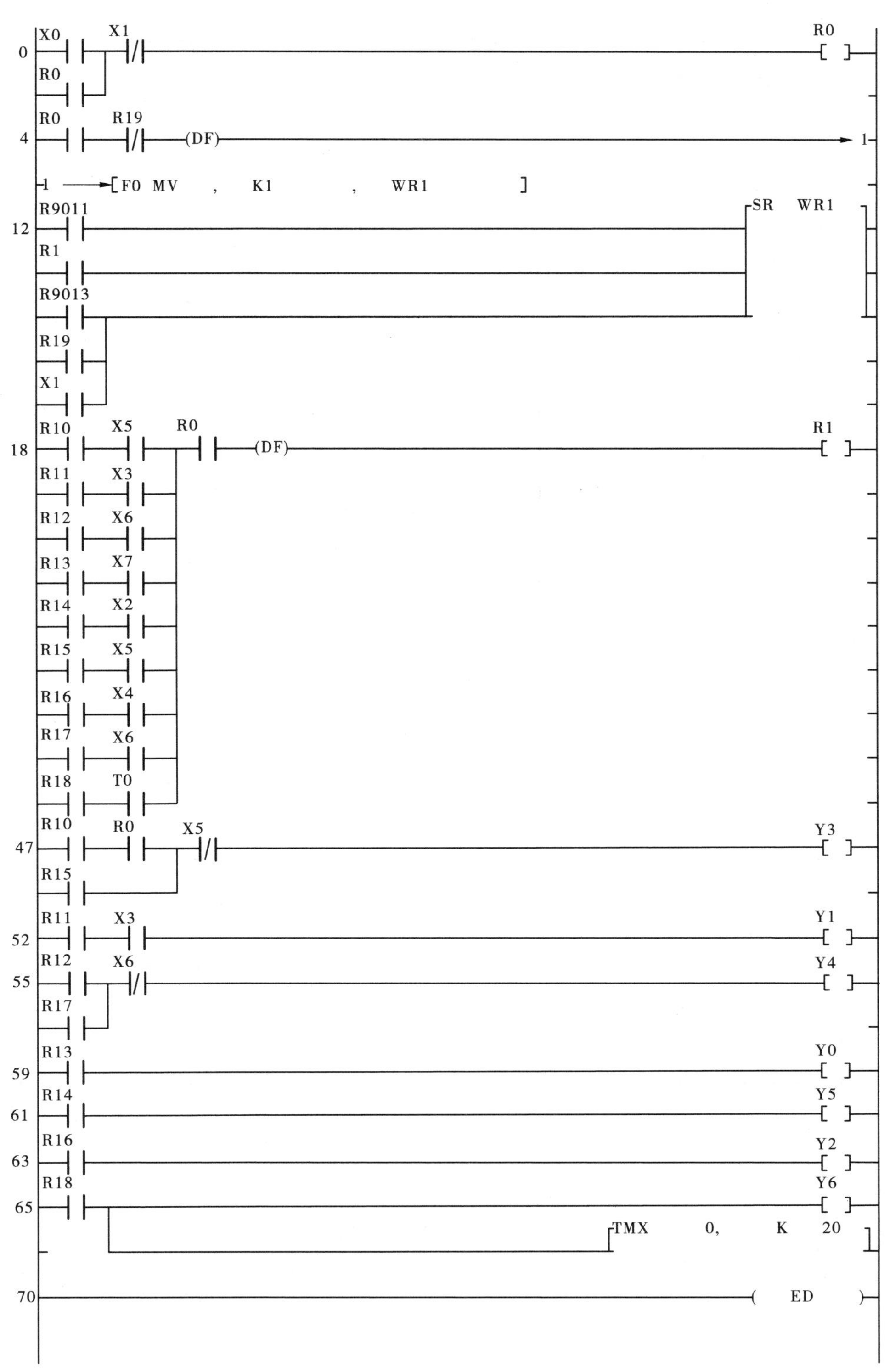

图 4-10　用移位指令编写的机械手控制梯形图

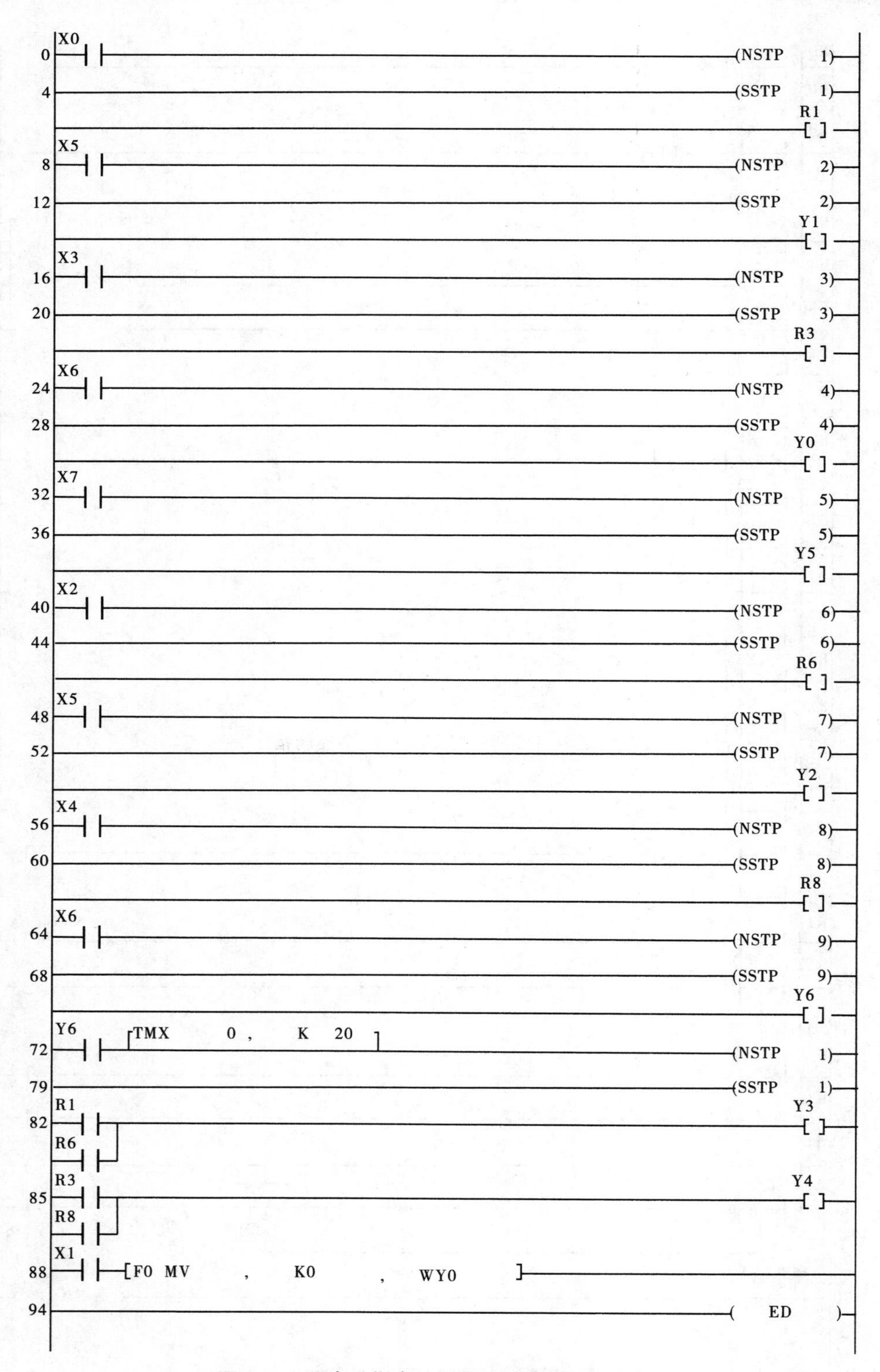

图4-11　用步进指令编写的机械手控制梯形图

地址	指令		
0	ST	X	0
1	OR	R	0
2	AN/	X	1
3	OT	R	0
4	ST	R	0
5	AN/	R	19
6	DF		
7	F	0 (MV)	
	K		1
	WR		1
12	ST	R	9011
13	ST	R	1
14	ST	R	9013
15	OR	R	19
16	OR	X	1
17	SR	WR	1
18	ST	R	10
19	AN	X	5
20	ST	R	11
21	AN	X	3
22	ORS		
23	ST	R	12
24	AN	X	6
25	ORS		
26	ST	R	13
27	AN	X	7
28	ORS		
29	ST	R	14
30	AN	X	2
31	ORS		
32	ST	R	15
33	AN	X	5
34	ORS		
35	ST	R	16
36	AN	X	4
37	ORS		
38	ST	R	17
39	AN	X	6
40	ORS		
41	ST	R	18
42	AN	T	0
43	ORS		
44	AN	R	0
45	DF		
46	OT	R	1
47	ST	R	10
48	AN	R	0
49	OR	R	15
50	AN/	X	5
51	OT	Y	3
52	ST	R	11
53	AN	X	3
54	OT	Y	1
55	ST	R	12
56	OR	R	17
57	AN/	X	6
58	OT	Y	4
59	ST	R	13
60	OT	Y	0
61	ST	R	14
62	OT	Y	5
63	ST	R	16
64	OT	Y	2
65	ST	R	18
66	OT	Y	6
67	TMX		0
	K		20
70	ED		

图 4-12　用移位指令编写的机械手控制指令表

地址	指令		
0	ST	X	0
1	NSTP		1
4	SSTP		1
7	OT	R	1
8	ST	X	5
9	NSTP		2
12	SSTP		2
15	OT	Y	1
16	ST	X	3
17	NSTP		3
20	SSTP		3
23	OT	R	3
24	ST	X	6
25	NSTP		4
28	SSTP		4
31	OT	Y	0
32	ST	X	7
33	NSTP		5
36	SSTP		5
39	OT	Y	5
40	ST	X	2
41	NSTP		6
44	SSTP		6
47	OT	R	6
48	ST	X	5
49	NSTP		7
52	SSTP		7
55	OT	Y	2
56	ST	X	4
57	NSTP		8
60	SSTP		8
63	OT	R	8
64	ST	X	6
65	NSTP		9
68	SSTP		9
71	OT	Y	6
72	ST	Y	6
73	TMX		0
	K		20
76	NSTP		1
79	SSTP		1
82	ST	R	1
83	OR	R	6
84	OT	Y	3
85	ST	R	3
86	OR	R	8
87	OT	Y	4
88	ST	X	1
89	F	0 (MV)	
	K		0
	WY		0
94	ED		

图 4-13　用步进指令编写的机械手控制指令表

按照图 4-9 所示的 I/O 接线图，接好各信号线、电源线以及通信电缆后，写入程序便可以观察运行效果。如果与控制要求不符，先看 PLC 的输入/输出端子上相应的信号指示是否正确，若信号指示正确，就说明程序是对的，需要检查外部接线是否正确、负载电源是否正常工作等。若 PLC 的输入/输出端子信号指示不正确，就需要检查和修改程序，反复调试，直到按要求正常运行。

四、知识拓展

以下介绍常用的数据循环指令。

(一)F100 SHR、P100 PSHR　16bit **数据右移**

形式：

[F100 SHR，　D，n]

[P100 PSHR，D，n]

说明：将 D 中的数据向右移 n bit。

允许指定存储区类型。

D：WY，WR，WL，SV，EV，DT，LD，FL，IX，IY。

允许索引寄存器修饰。

n：WX，WY，WR，WL，SV，EV，DT，LD，FL，IX，IY，常数 K，常数 H。

允许索引寄存器修饰。

步数：5。

(二)F101 SHL、P101 PSHL　16bit **数据左移**

形式：

[F101 SHL，　D，n]

[P101 PSHL，D，n]

说明：将 D 中的数据向左移 n bit。

允许指定存储区类型。

D：WY，WR，WL，SV，EV，DT，LD，FL，IX，IY。

允许索引寄存器修饰。

n：WX，WY，WR，WL，SV，EV，DT，LD，FL，IX，IY，常数 K，常数 H。

允许索引寄存器修饰。

步数：5。

(三)F119 LRSR　**左右移位寄存器**

形式：

[F119 LRSR，　D1，D2]

说明：将 D1 ~ D2 的区域作为寄存器，向左或向右移 1bit。

允许指定存储区类型。

D1：WY，WR，WL，SV，EV，DT，LD，FL。

不允许索引寄存器修饰。

D2：WY，WR，WL，SV，EV，DT，LD，FL。

允许索引寄存器修饰。

D:WY,WR,WL,SV,EV,DT,LD,FL,IX。

允许索引寄存器修饰。

步数:5。

注意:控制单元 Ver3.1 以上支持。

(四)F120 ROR、P120 PROR 16bit **数据循环右移**

形式:

[F120 ROR, D, n]

[P120 PROR, D, n]

说明:将 D 中的数据向右循环移 n bit。

允许指定存储区类型。

D:WY,WR,WL,SV,EV,DT,LD,FL,IX,IY。

允许索引寄存器修饰。

n:WX,WY,WR,WL,SV,EV,DT,LD,FL,IX,IY,常数 K,常数 H。

允许索引寄存器修饰。

步数:5。

(五)F121 ROL、P121 PROL 16bit **数据循环左移**

形式:

[F121 ROL, D, n]

[P121 PROL, D, n]

说明:将 D 中的数据向左循环移 n bit。

允许指定存储区类型。

D:WY,WR,WL,SV,EV,DT,LD,FL,IX,IY。

允许索引寄存器修饰。

n:WX,WY,WR,WL,SV,EV,DT,LD,FL,IX,IY,常数 K,常数 H。

允许索引寄存器修饰。

步数:5。

(六)F122 RCR、P122 PRCR 16bit **数据循环右移(带进位位)**

形式:

[F122 RCR, D, n]

[P122 PRCR, D, n]

说明:将 D 中的数据带进位位 CY 标志 R9009 共 17bit,向右循环移 n bit。

允许指定存储区类型。

D:WY,WR,WL,SV,EV,DT,LD,FL,IX,IY。

允许索引寄存器修饰。

n:WX,WY,WR,WL,SV,EV,DT,LD,FL,IX,IY,常数 K,常数 H。

允许索引寄存器修饰。

步数:5。

（七）F123 RCL、P123 PRCL　16bit 数据循环左移（带进位位）

形式：

［F123 RCL，　D，n］

［P123 PRCL，D，n］

说明：将 D 中的数据带进位位 CY 标志 R9009 共 17bit，向左循环移 n bit。

允许指定存储区类型。

D：WY，WR，WL，SV，EV，DT，LD，FL，IX，IY。

允许索引寄存器修饰。

n：WX，WY，WR，WL，SV，EV，DT，LD，FL，IX，IY，常数 K，常数 H。

允许索引寄存器修饰。

D：WY，WR，WL，SV，EV，DT，LD，FL，IX。

允许索引寄存器修饰。

步数：5。

五、项目评价

（1）学生讨论。

（2）总结。

①掌握移位指令的有关知识，能熟练地运用移位指令进行编程，解决问题。

②掌握特殊内部继电器 R9011 的应用。

（3）思考与练习。

【试试看】　①试用移位指令进行交通灯控制。

②利用移位指令使输出的 8 个灯从左至右以 1 s 速度依次亮；当灯全亮后再从左至右依次灭。如此反复运行。

③利用左右移位指令 F119 LRSR，使一个亮灯以 0.2 s 的速度自左至右移动，到达最右侧后，再自右向左回最左侧。如此反复运行。

④试用双向及循环移位指令编写出若干种节日彩灯循环显示的程序，并观察其运行结果。

【练习】　①实现六盏灯单通循环控制。（用 SRWR 和数据传送指令实现）

要求：按下启动按钮 X0，六盏灯（Y0 ~ Y5）依次循环显示，每盏灯亮 1 s 时间。按下停车按钮 X1，灯全灭。

②设计三层电梯模拟演示系统。

要求：以课题大作业形式完成程序设计、程序调试并有书面报告。

（3）设计炉温控制系统。

要求：假定允许炉温的下限值放在 DT1 中，上限值放在 DT2 中，实测炉温放在 DT10 中，按下启动按钮，系统开始工作，低于下限值时加热器工作；高于上限值时停止加热；在上、下限值之间则维持。按下停止按钮，系统停止。

【综合训练】　①送料小车控制系统如下：

LS1 LS2 LS3 LS4 LS5 LS6

PB1 PB2 PB3 PB4 PB5 PB6

要求:小车有三种运动状态,即左行、右行、停车。在现场有六个要求小车停止的位置,即行程开关 LS1 ~ LS6,控制台有六个相应的请求停止信号 PB1 ~ PB6 分别与每个行程开关相对应。并且当小车不在指定位置时,发出故障报警,不允许系统运行。系统还有一个启动按钮和一个停止按钮。

②PLC 内部时钟设计。

要求:考虑在 1995 ~ 2050 年的情况,显示年、月、日、时、分、秒。以课题大作业形式完成程序设计、程序调试并有书面报告。

提 高 篇

项目五 FPWIN GR 软件的操作方法简介

任务一 FPWIN GR 的启动

一、启动 FPWIN GR

启动 FPWIN GR 的方法很多,下面给出了三种常用方法。

方法一:由 FPWIN GR 程序组的应用程序启动。双击相应的图标,如图 5-1 所示。

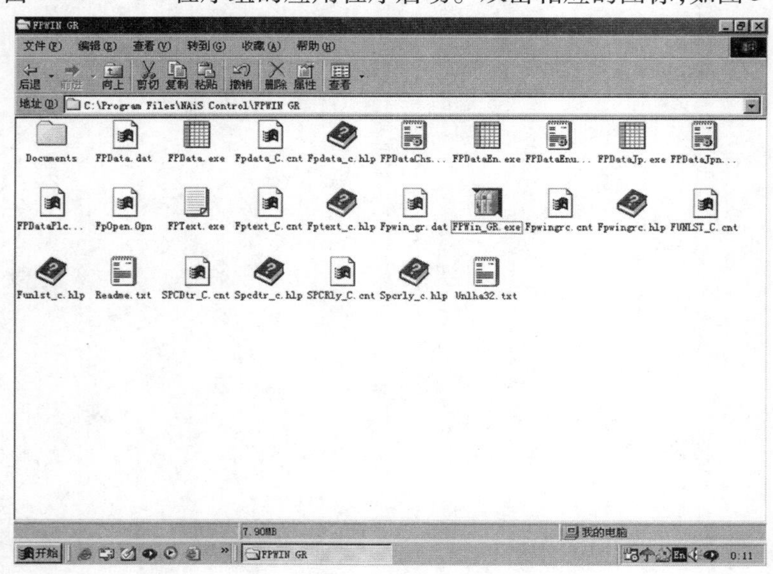

图 5-1 启动方法一

方法二:由已创建的快捷方式图标启动。双击相应的图标,如图 5-2 所示。

方法三:由 Windows 的开始菜单栏启动。先单击“开始”按钮,或按 Ctrl + Esc 组合键,打开 Windows 开始菜单,从中选择“程序(P)”,再按“NAiS Control”→“FPWIN GR”,如图 5-3 所示。

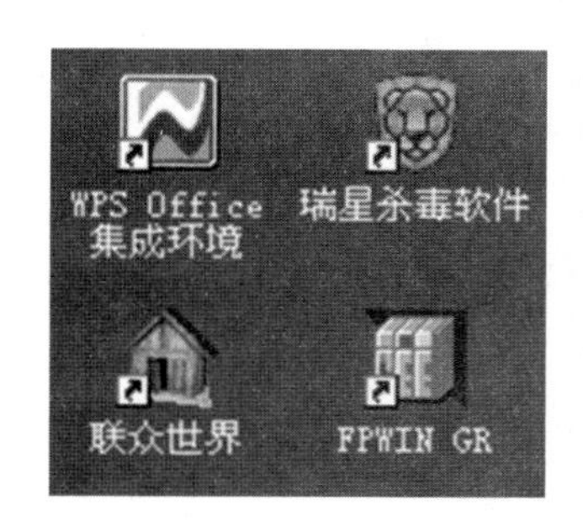

图 5-2　启动方法二

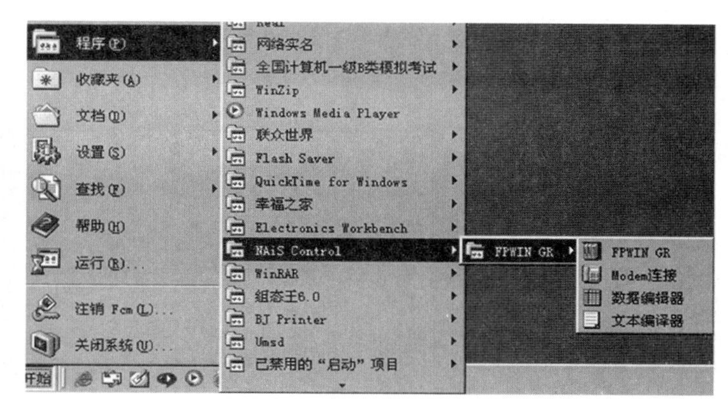

图 5-3　启动方法三

二、选择启动菜单

用上述方法启动 FPWIN GR 之后，将会出现启动菜单。根据操作需要，单击 4 个按钮之中的某一个，如图 5-4 所示。

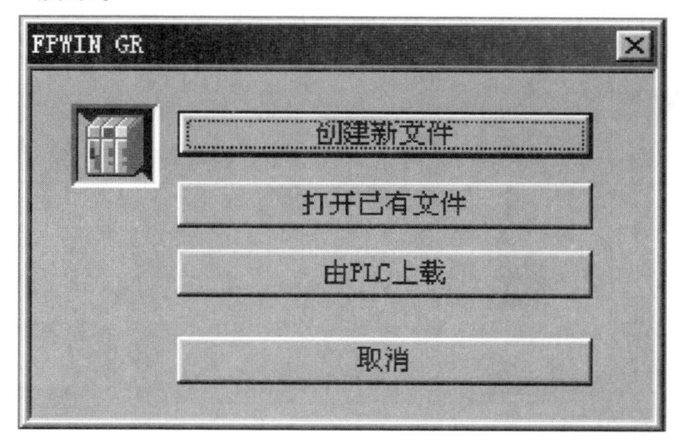

图 5-4　选择启动菜单

创建新文件：当要创建一个新的文件时，请选择本项。

打开已有文件：当从磁盘中调出一个被保存的程序文件进行编辑时，请选择本项。

由 PLC 上载：当从 PLC 中读出程序进行编辑时，请选择本项。此时会自动切换到在线方式。

取消：不读取已有的程序，启动 FPWIN GR。

当选择了“创建新文件”时，将会显示关于 PLC 机型选择的对话框，可从中选择所使用的 PLC 机型，并单击“OK”按钮，如图 5-5 所示。

当选择了“打开已有文件”时，将会显示关于文件打开的对话框。选择需要进行编辑的文件，并用鼠标双击该文件名，或者直接单击“打开”按钮，如图 5-6 所示。

当选择了“由 PLC 上载”时，将会显示关于上载数据确认的对话框，点击“是(Y)”按钮，开始进行程序上载，并且在正常结束后，会显示关于确认 PLC 模式变更的对话框。

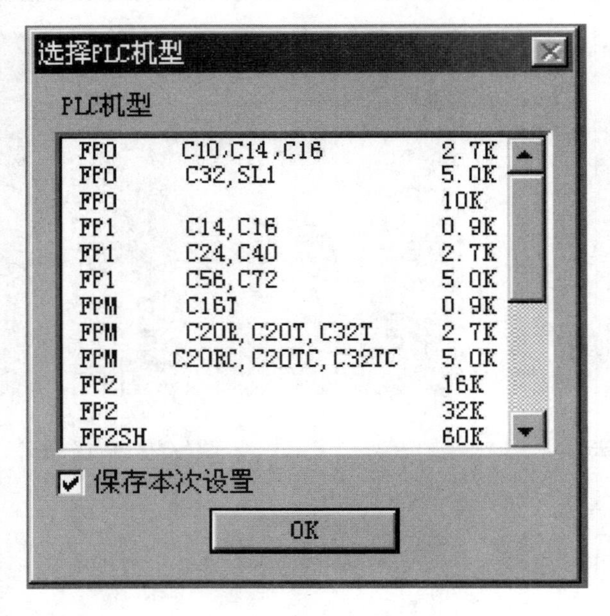

图 5-5 选择 PLC 机型

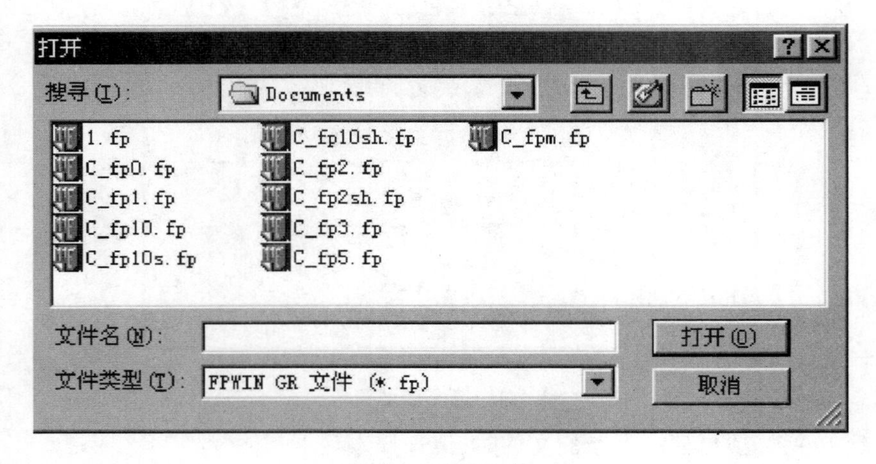

图 5-6 打开文件

三、显示 FPWIN GR 的初始画面

在 FPWIN GR 正常启动以后,将会出现如图 5-7 所示的初始画面。

任务二 FPWIN GR 的退出

退出的操作:退出 FPWIN GR 时,点击菜单栏中的“文件(F)”,再从弹出显示的菜单中选择“退出(X)”,如图 5-8 所示。

此外,点击窗口右上角的关闭按钮,也可以退出 FPWIN GR 应用程序。

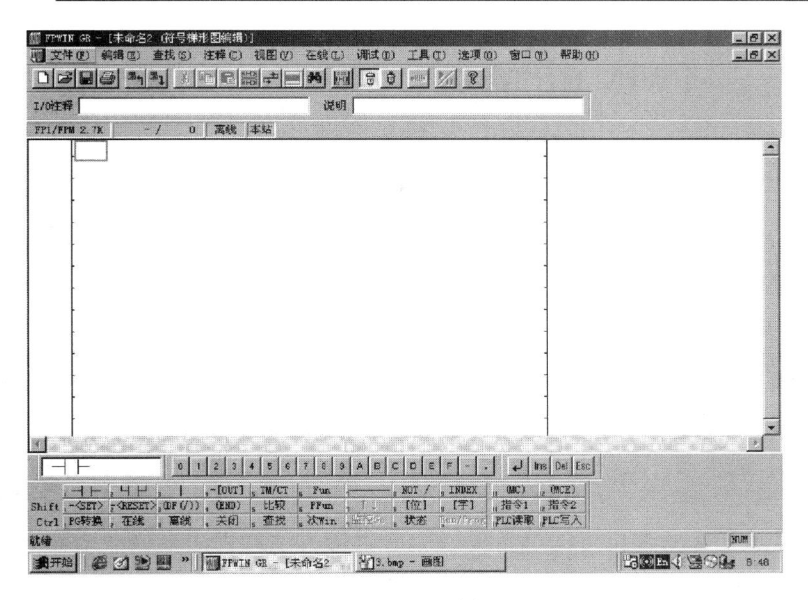

图 5-7 FPWIN GR 的初始画面

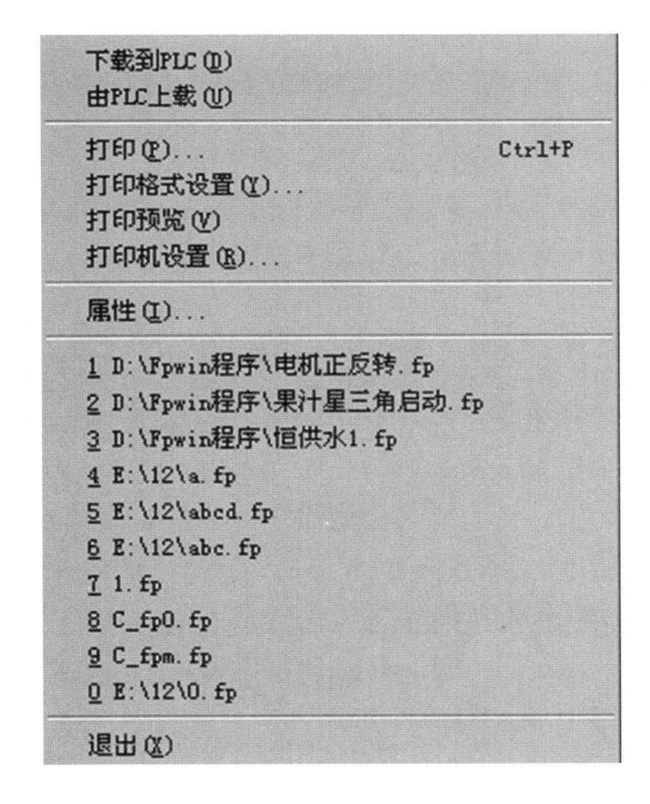

图 5-8 “文件(F)”菜单

任务三　FPWIN GR 的基本操作

一、FPWIN GR 的画面

FPWIN GR 的画面如图 5-7 所示。各部分名称及其作用说明如下：

菜单栏：将 FPWIN GR 全部的操作及功能按各种不同用途组合起来，以菜单的形式显示。菜单栏显示如下：

文件(F)　编辑(E)　查找(S)　注释(C)　视图(V)　在线(L)　调试(D)　工具(T)　选项(O)　窗口(W)　帮助(H)

工具栏：将在 FPWIN GR 中经常使用的功能以按钮的形式集中显示。工具栏显示如下：

注释栏：显示光标所在位置的设备或指令所附带的注释。注释栏显示如下：

I/O注释　　说明

程序状态栏：显示所选择使用的 PLC 机型、程序步数、FPWIN GR 与 PLC 之间的通信状态等信息。程序状态栏显示如下：

FP1/FPM 2.7K	14 / 45	离线	本站

状态栏：显示 FPWIN GR 的动作状态。状态栏显示如下：

就绪

功能键栏：在输入程序时，利用鼠标点击或按功能键，选择所需指令或功能。功能键栏显示如下：

	1	2	3	4	5	6	7	8	9	11	12
	⊣ ⊢	⊣/⊢	|	-[OUT]	TM/CT	Fun	———	NOT /	INDEX	(MC)	(MCE)
Shift	-<SET>	-<RESET>	(DF (/))	(END)	比较	PFun	↑↓	[位]	[字]	指令1	指令2
Ctrl	PG转换	在线	离线	关闭	查找	次Win	监控Go	状态	Run/Prog	PLC读取	PLC写入

输入栏：利用鼠标操作，输入 Enter(↵)、Ins、Del、Esc 键。输入栏显示如下：

↵ | Ins | Del | Esc

数字键栏：利用鼠标操作，可以输入 0～9、A～F 等数字。数字键栏显示如下：

0 | 1 | 2 | 3 | 4 | 5 | 6 | 7 | 8 | 9 | A | B | C | D | E | F | - | .

输入区段栏：在通常情况下显示光标所在位置的指令或操作数，在程序编辑状态下显示正在输入的指令或操作数。输入区段栏显示如下：

⊣ ⊢

二、FPWIN GR 的光标和窗口操作

光标：可以通过→、←、↑、↓键或鼠标的点击操作，在程序显示区域内移动光标。由功能键栏输入的指令，会被输入到光标所处的位置。

可以利用 Home 键将光标移至行首，利用 End 键将光标移至行尾。

利用 Ctrl + Home 键可以将光标移至程序的起始位置，利用 Ctrl + End 键则可以将光标移至程序的最后一行。

窗口：在 FPWIN GR 中，可以打开多个程序窗口。同时可以通过 Ctrl + Tab 键或 Ctrl + F6 键在各个程序窗口之间进行切换，如图 5-9 所示。

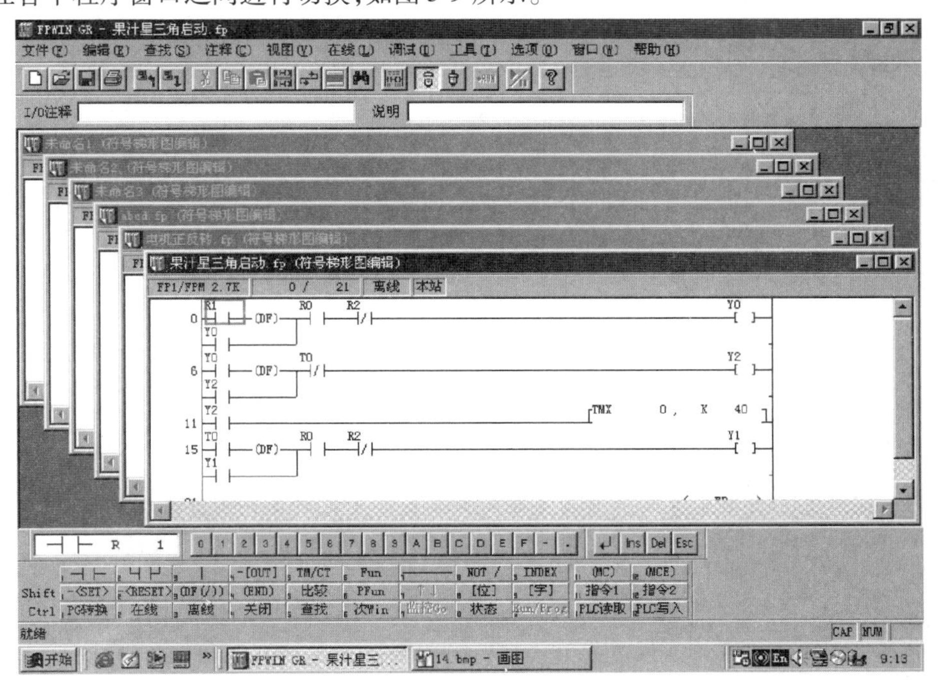

图 5-9　程序窗口

三、指令的输入

在编写程序时，可以通过用鼠标点击功能键栏，或者用 F1 ~ F12 功能键与 Shift 或 Ctrl 键的组合来实现指令的输入。功能键栏将随程序的不同输入状况而改变显示内容，而各条指令将被输入到程序显示区域内光标所处的位置。

输入定时器、计数器指令时的显示如下：

	1 X	2 Y	3 R	4 L	5 P	6 比较		8 NOT /	9 INDEX	10 No.清除	
Shift	1 T	2 C	3 E				7 ↑↓				
Ctrl											

输入触点或线圈时的显示如下：

	1 -[TMX]	2 -[TMY]	3 -[TMR]	4 -[TML]		6 -[CT]-			9 INDEX		
Shift											
Ctrl											

当利用 Shift + F11 或 Shift + F12 输入指令时，有些机型可能不支持当前所显示的内容中的某些指令。因此，可参照有关使用手册等对指令进行确认。

四、程序转换（PG 转换）

在符号梯形图编辑方式下，为了确定由图形所编写的程序，必须进行程序转换。在使用符号梯形图方式生成或编辑程序时，程序显示区内将被反显为灰色，如图 5-10 所示。这表明，在被反显的范围内的梯形图，在编辑中需要进行程序转换。

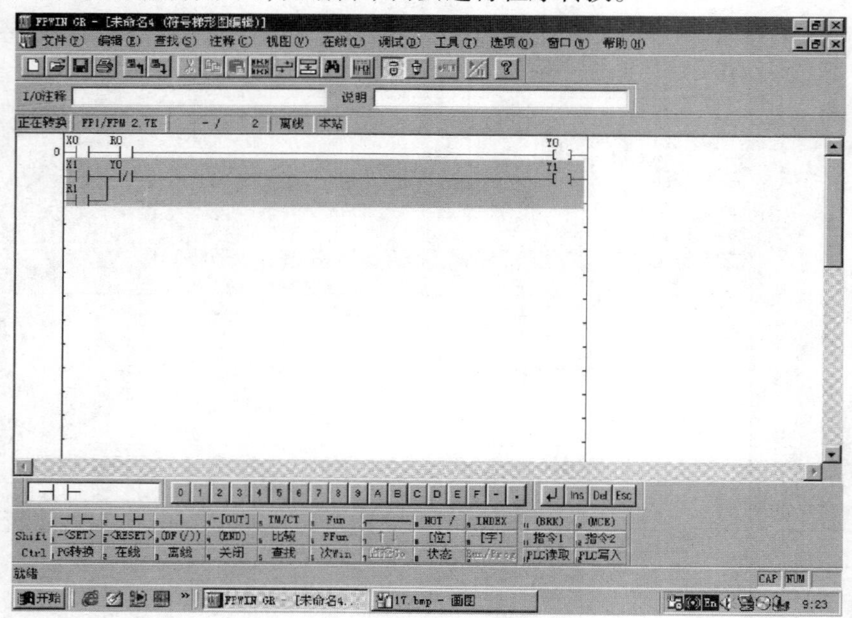

图 5-10　程序转换

进行程序转换时，用鼠标点击功能键栏中的 PG转换，或者按 Ctrl + F1 键。但是即使在被反显状态下，生成或编辑程序也最多只能进行 33 行的处理，因此在这种情况下，应在程序作业结束后集中进行程序转换。

编辑状态的确定及解除：在程序输入过程中按回车键后，将会自动转入编辑模式，其中以灰色显示的部分则处于待转换的状态。

修改指令、设备等输入内容时，按 Ctrl + F1 键进行 PG 转换。所输入的内容将被确定，程序将被修改。

由于误操作按下回车键时，可按 Ctrl + H 键，或选择菜单中的“编辑”→“恢复到程序转换前”，解除“编辑模式”。

五、在线编辑与离线编辑

在 FPWIN GR 中，有两种编辑方式：一种是仅由计算机单独动作的离线编辑方式，另一种是计算机与 PLC 在通信的同时进行动作的在线编辑方式。

离线编辑 离线：不与 PLC 进行通信，由 FPWIN GR 单独进行程序生成或编辑的方式。

在线编辑 在线：与 PLC 进行通信，可以编辑 PLC 中的程序或对 PLC 中的数据进行监控的方式。

离线编辑和在线编辑方式的切换：可以通过用鼠标点击菜单栏中的“在线（L）”或用 Alt + L 键操作，在菜单中所显示的在线编辑与离线编辑之间进行切换。如图 5-11 所示。

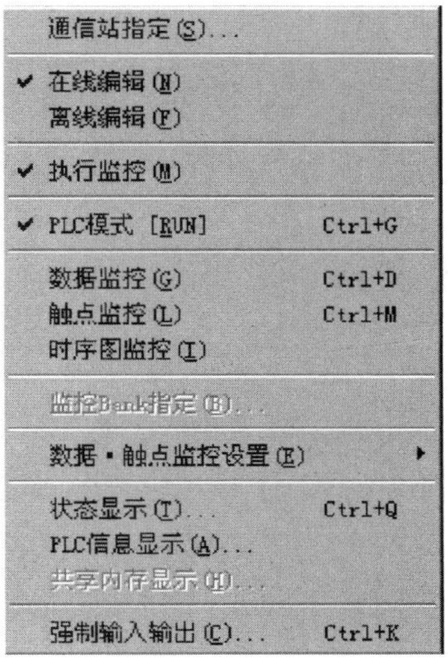

除菜单操作方法外，还可通过以下几种方法：

键盘操作：按 Ctrl + F2（在线）键与按 Ctrl + F3（离线）键。

工具栏操作：点击图标。

在线编辑方式是一种在与 PLC 进行通信的同时，可以编辑 PLC 内的程序，也可以对 PLC 进行监控的模式。使用在线编辑方式时，由 FPWIN GR 所编辑的程序或系统寄存器的设置等内容，将被直接反映到 PLC 中。

图 5-11　在线编辑和离线编辑方式切换

在线编辑中，应注意以下几点：

PROG 模式下的编辑：当 PLC 为 PROG 模式时，改写 PLC 内部的程序，此时在程序状态栏中的显示为 在线 PLC = 遥控 PROG，可以进行程序的修改。

RUN 模式下的编辑：当 PLC 为 RUN 模式时，改写 PLC 内部的程序，此时在程序状态栏中的显示为 在线 PLC = 遥控 RUN，PLC 将使用修改后的程序继续进行处理，因此一定要慎重地使用此种编辑。

不同的 PLC 机型产生“RUN 模式下的编辑”的不同动作：

在程序替换写入过程中仍然保持 RUN 状态的 PLC 机型有 FP0、FP2、FP2SH、FP3、FP－C、FP5、FPlO、FPlOS、FPlOSH。

在程序替换写入过程中一度切换到 PROG 模式，写入结束后再返回 RUN 模式的 PLC 机型有 FPl、FP－M。

任务四　编程前的准备

一、启动 FPWIN GR

启动 FPWIN GR，从启动后显示的启动菜单中选择“创建新文件”，如图 5-4 所示。

二、选择 PLC 机型

在关于 PLC 机型选择的对话框中选择所使用的 PLC 机型，然后单击“OK”按钮，如图 5-12 所示。在创建新文件的状态下启动 FPWIN GR 后，开始编写程序。

三、关于 PLC 系统寄存器的设置

当在启动菜单中选择了“创建新文件”时，FPWIN GR 将根据不同的机型，自动进行 PLC 系统寄存器相应的设置。当用户需要对所设置的值进行修改时，可以在“选项”菜单中选择

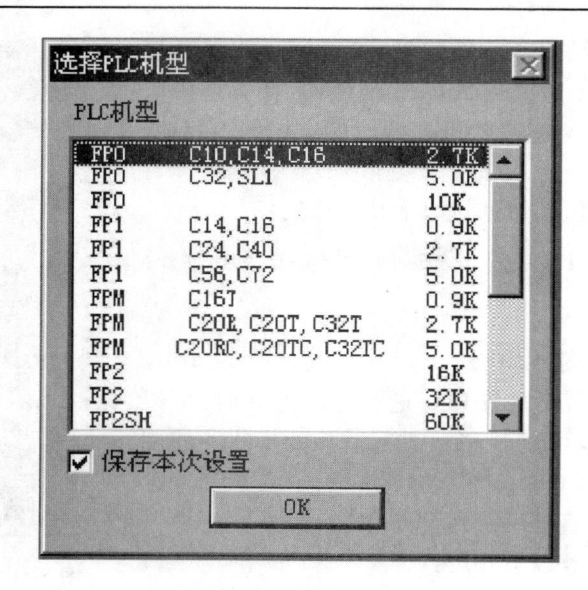

图 5-12　选择 PLC 机型

PLC 系统寄存器,然后改变系统寄存器中的内容,如图 5-13 所示。

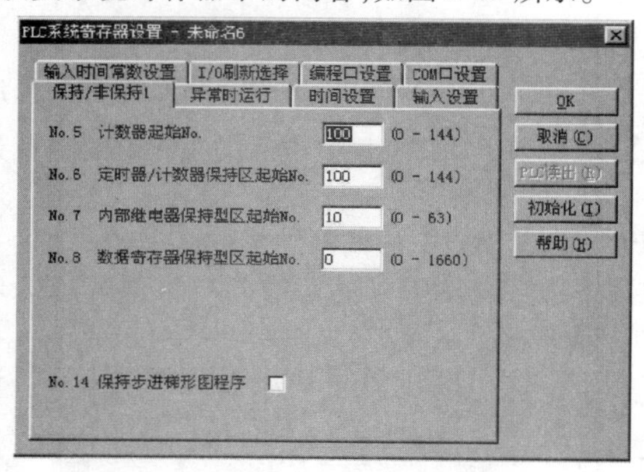

图 5-13　关于 PLC 系统寄存器的设置举例

四、程序清除

在向 PLC 主机中首次输入程序之前,首先必须进行程序清除操作。清除程序的操作步骤如下:

(1)与 PLC 连接后切换到在线编辑方式。将正在运行 FPWIN GR 的计算机通过指定的编程电缆与 PLC 相连,然后选择 FPWIN GR 的"在线(L)"菜单中的"在线编辑(N)",如图 5-14 所示。点击工具栏中的图标,也可以切换到在线编辑方式。

(2)执行"编辑(E)"菜单中的"程序清除(L)"。首先确认 FPWIN GR 已处于在线编辑方式,然后再选择"编辑(E)"菜单中的"程序清除(L)",如图 5-15 所示。

(3)执行程序清除操作。执行程序清除操作后,将显示如图 5-16 所示的对话框,确认其内容后,单击"是(Y)",完成程序清除的操作。

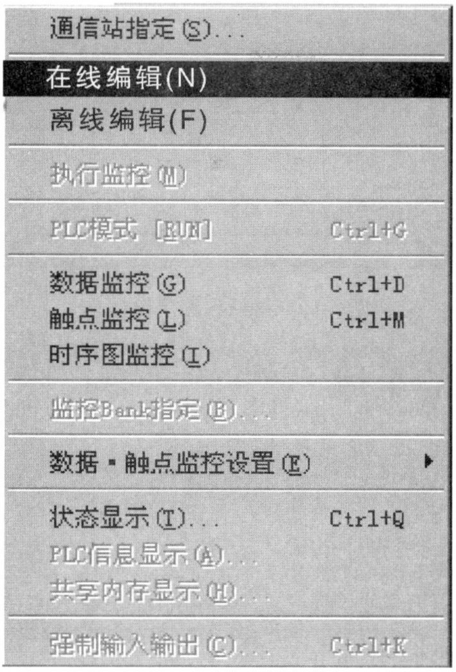

通信站指定(S)...
在线编辑(N)
离线编辑(F)
执行监控(M)
PLC模式 [RUN]　Ctrl+G
数据监控(G)　Ctrl+D
触点监控(L)　Ctrl+M
时序图监控(I)
监控Bank指定(B)...
数据・触点监控设置(E)
状态显示(T)...　Ctrl+Q
PLC信息显示(A)...
共享内存显示(H)...
强制输入输出(C)...　Ctrl+K

图 5-14　切换到在线编辑方式

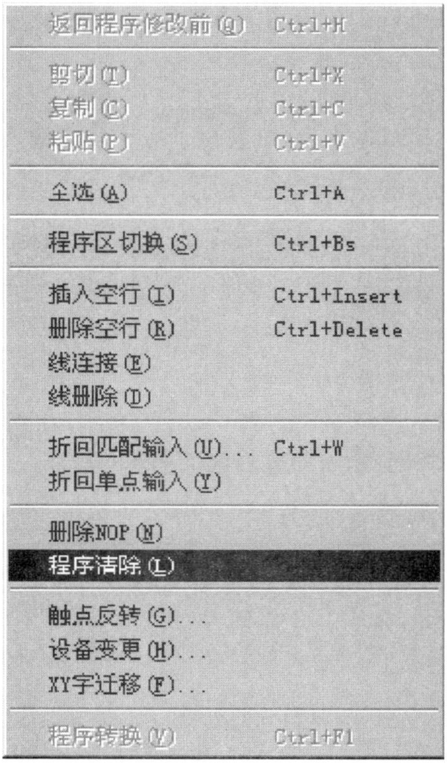

返回程序修改前(Q)　Ctrl+H
剪切(T)　Ctrl+X
复制(C)　Ctrl+C
粘贴(P)　Ctrl+V
全选(A)　Ctrl+A
程序区切换(S)　Ctrl+Bs
插入空行(I)　Ctrl+Insert
删除空行(R)　Ctrl+Delete
线连接(E)
线删除(D)
折回匹配输入(U)...　Ctrl+W
折回单点输入(Y)
删除NOP(N)
程序清除(L)
触点反转(G)...
设备变更(H)...
XY字迁移(F)...
程序转换(V)　Ctrl+F1

图 5-15　选择“程序清除(L)”

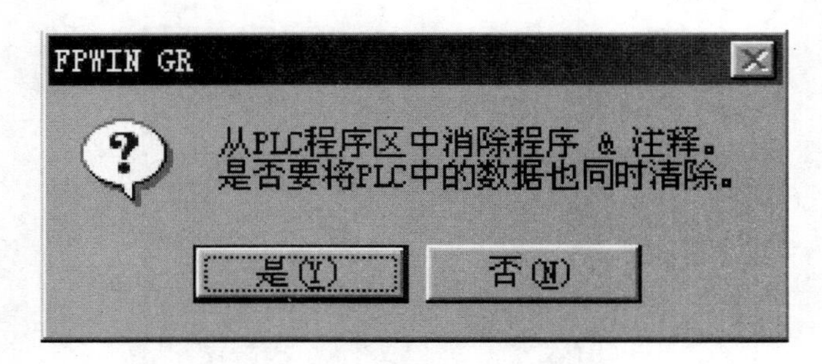

图 5-16　确认程序清除操作

任务五　程序的生成

一、输入程序

以下面所示程序为例,说明程序的输入方法。

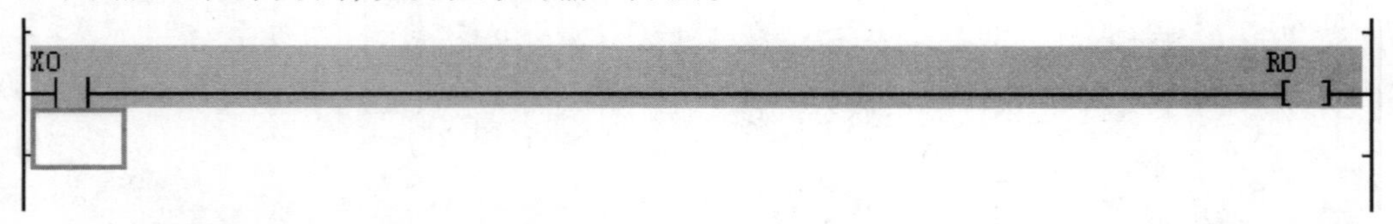

可以通过鼠标点击功能键栏中所表示的各个指令的图标进行程序输入,也可以通过键盘操作,敲击对应的功能键输入各个指令。

(一)输入触点 X0

将光标移动到程序显示区域的左上角,按以下操作步骤输入触点:

(1)按 F1(⊣⊢)键。输入区段栏显示:⊣⊢。

(2)功能键栏变为位显示,按 F1(X)键。输入区段栏显示:⊣⊢ X。

(3)输入触点类型后用鼠标点击数字键栏中的0或者按键盘的 0 键,输入区段栏显示:⊣⊢ X 0。

(4)按回车键确定所输入的指令。

(二)线圈 R0 的输入

与触点 X0 的输入步骤相同,输入完成后画面显示:

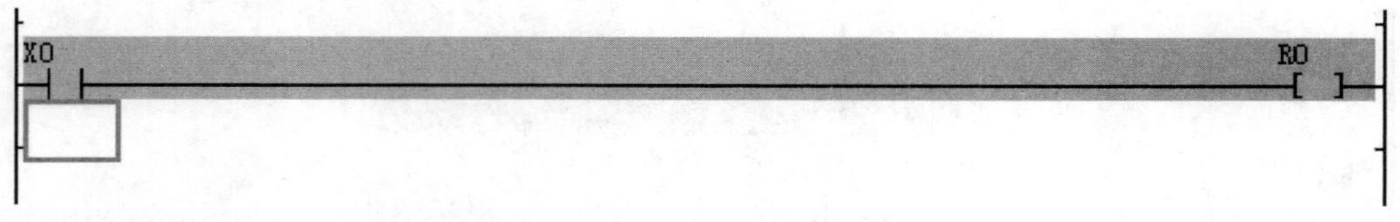

驱动线圈 (OUT)指令将被自动输入到右端,光标自动移动到下一行的行头。

(三)应注意的问题

(1)需要绘制横线时,按 F7(——)键(删除横线则按 Del 键);按 F3(|)键则在当前光标位置的左侧输入竖线,再次按该键,则竖线被删除。

(2)当对回路进行组合时,在用→、←、↑、↓键移动光标的同时,输入触点,再通过 F7

键或 F3 键将各部分相连。

(3)对于设备的输入，有时直接使用键盘操作会更加方便。

在输入程序的过程中，当输入某些设备时，除使用功能键栏进行输入外，还可以使用键盘操作直接输入。

二、程序转换

(一)关于程序转换（PG 转换）

在符号梯形图模式下对程序进行编写或编辑时，在程序显示区域内将会出现灰色反显部分。这说明，在灰色反显范围内的梯形图需要进行程序转换，如图 5-17 所示。

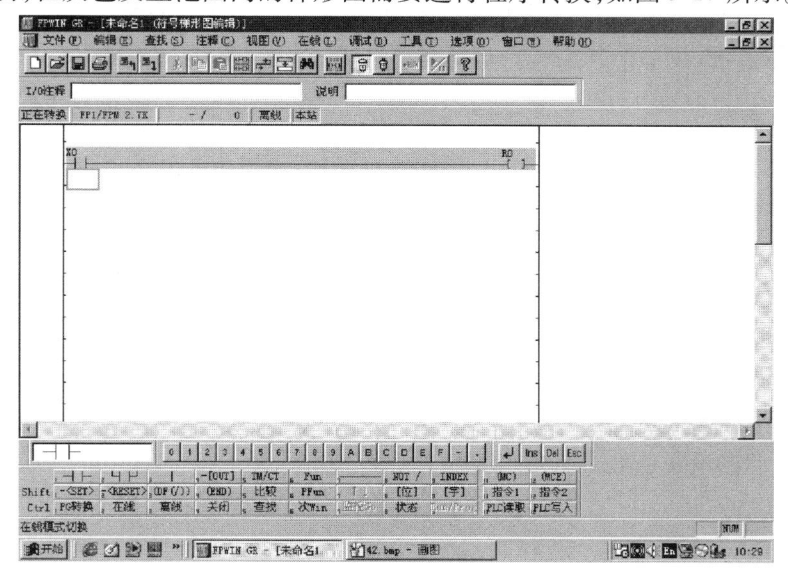

图 5-17　梯形图模式下的编程

进行程序转换时，用鼠标点击功能键栏中的 PG转换，或按 Ctrl + F1 键，在反显的状态下也可以编写及修改程序，但应在编程工作结束后，集中进行程序转换。

(二)应注意的问题

程序转换（PG 转换）必须在 33 行以内。在符号梯形图模式下，FPWIN GR 无法对第 34 行以上的程序进行编辑。

三、恢复到程序修改前的状态

在程序输入过程中出现误操作等情况时，若执行恢复到程序修改前的操作，则可以将正在编辑的程序恢复到程序修改前（刚执行完的前一次 PG 转换后）的状态。

恢复到程序修改前的操作方法如下：

(1)菜单操作法：选择“编辑(E)”菜单中的“程序转换(Q)”。

(2)键盘操作法：按 Ctrl + H 键。

(3)鼠标操作法：从单击鼠标右键所弹出的菜单中选择。

任务六　程序的修改

一、删除指令和横、竖线

(一)删除指令或横线

当想要删除指令或横线时,将光标移动到想要删除的指令或横线的位置,再按 Del 键。

(二)删除竖线

当想要删除竖线时,将光标移动到要删除的竖线右侧,按 F3 ( )键。如果再次按 F3( )键,则可插入竖线。

二、追加指令

当要在横线上追加触点时,不必先将该处的横线删除,而只需按与通常操作相同的步骤在横线上输入触点即可。

三、修改触点编号及定时器设定值

(一)修改触点编号

将光标移动到想要修改的触点的位置上,按与通常操作相同的步骤输入触点。

(二)修改定时器设定值

将光标移动到设定值处,对设定值进行修改。

四、插入指令

在已经输入的指令之间插入指令:在光标之前进行插入时,按 Ins 键;在光标之后进行插入时,按 Shift + Ins 键,对指令进行确认。

五、插入空行

由于追加程序等,需要在当前的程序中间插入空行时,进行以下操作:

(1)将光标移到要插入空行的位置。

(2)执行空行插入操作。执行空行插入操作时,利用菜单操作,选择“输入空行 (I)”。

除菜单操作外,还可以采用以下几种方法:

①键盘操作:按 Ctrl + Ins 键。

②工具栏操作:点击“插入空行”的图标。

③鼠标操作:从单击鼠标右键弹出的快捷菜单中选择。

执行操作后,空行被插入。

六、删除空行

对不再需要的空行进行删除时,将光标移动到所要删除的空行处,进行以下操作:

(1)菜单操作:从“编辑(E)”菜单中选择“删除空行”。

(2)键盘操作:按 Ctrl + Del 键。

(3)鼠标操作:从单击鼠标右键弹出的快捷菜单中选择。

任务七　传输程序

如果要将 FPWIN GR 生成、编辑的程序传送到 PLC 中,首先应将计算机与 PLC 的编程口通过编程电缆连接。

当要下载或上载程序时,由于 FPWIN GR 与 PLC 之间必须进行通信,此时 FPWIN GR 将会自动切换到在线编辑方式。

操作步骤如下:

(1)下载到 PLC。当要向 PLC 传送程序时,利用菜单操作,选择"文件 (F)"→"下载到 PLC(D)",如图 5-18 所示。

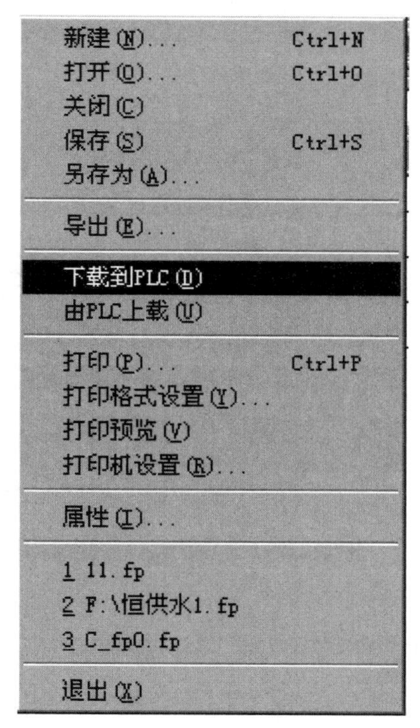

图 5-18　选择"下载到 PLC(D)"

上述操作除使用菜单操作外,还可以采用以下几种操作方法:

键盘操作:按 Ctrl + F12 键。

工具栏操作:点击图标。

(2)确认对话框信息。选择"下载到 PLC(D)"后,会显示如图 5-19 所示的对话框。当继续进行程序下载时,单击"是 (Y)"按钮。

(3)确认 PLC 动作模式切换。如果 PLC 当前处于 RUN 模式,则会显示如图 5-20 所示的对话框。单击"是 (Y)"按钮,将 PLC 切换到 PROG 模式。

(4)显示程序下载过程。执行程序下载后,将显示如图 5-21 所示的窗口。

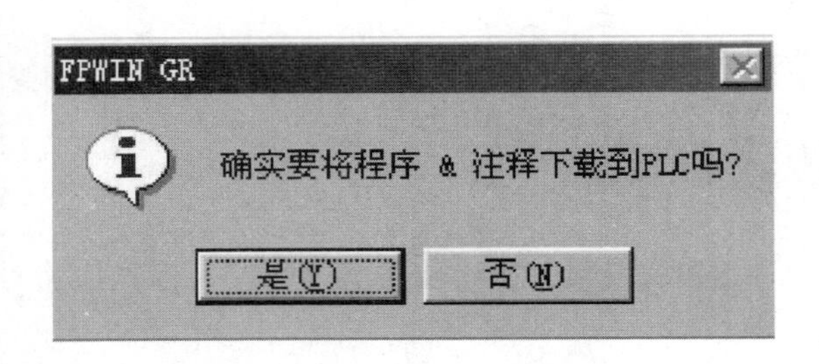

图 5-19　确认对话框

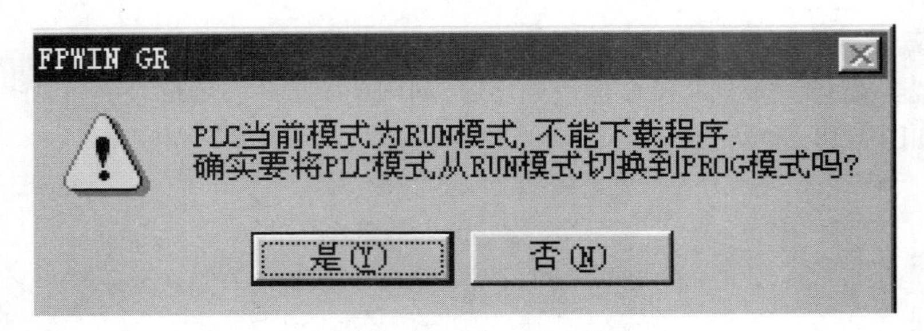

图 5-20　切换模式对话框

图 5-21　PLC 程序下载过程

(5)确认 PLC 动作模式切换。程序下载正常结束后，将显示如图 5-22 所示的对话框。当需要将 PLC 切换到 RUN 模式时，单击“是 (Y)”按钮。

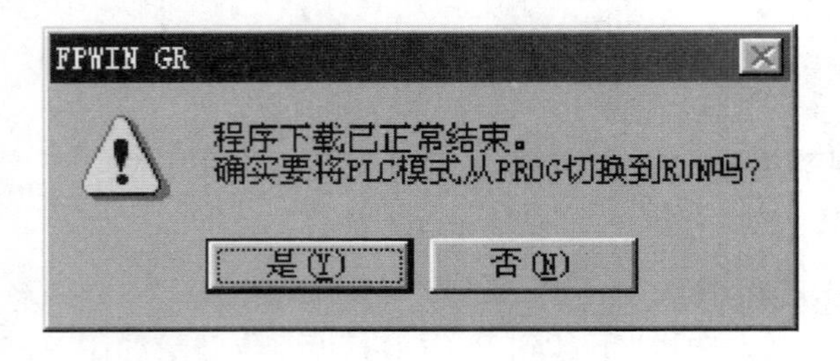

图 5-22　从 PROG 切换到 RUN

(6)结束程序下载。当结束向 PLC 下载、PLC 切换到 RUN 模式后，程序状态栏显示切换到 在线 | PLC = 遥控 RUN 。

若向没有注释写入区的 PLC 中下载带有注释的程序时，注释不被传入 PLC。如果再次将该程序读回到 FPWIN GR(程序上载),则注释将被消除,因此在使用时应加以注意。当程序接收方的 PLC 中没有注释写入区时,将显示如图 5-23 所示的对话框。

图 5-23　没有注释写入区的提示

项目六　基础实验

任务一　编程软件的基本操作练习

一、实验目的

(1)掌握 FPWIN GR 编程软件的基本操作方法。
(2)掌握 FPWIN GR 编程软件的基本功能。

二、实验设备

(1)PLC 实验装置一套。
(2)与 PLC 相连的上位机(已安装 FPWIN GR 编程软件)一台。
(3)连接导线一套。

三、实验内容及步骤

(一)进入 FPWIN GR 编程环境

(1)双击桌面上的 FPWIN GR 图标,启动 FPWIN GR 编程软件,出现启动菜单画面。
(2)选择启动菜单,进入 FPWIN GR 编程软件。

创建新文件:当创建新的文件时,请选择本项。选择此项后,将会显示关于机型选择的对话框,请从中选择使用的 PLC 机型,并单击“OK”按钮。

打开已有文件:当从磁盘或硬盘中调出被保存的程序文件进行编辑时,请选择本项。

由 PLC 上载:当从 PLC 中读出程序进行编辑时,请选择本项。此时会自动切换到在线编辑方式。

(3)在 FPWIN GR 正常启动以后,显示 FPWIN GR 初始画面。FPWIN GR 软件的编程画面自上而下大致分为 10 个栏目,包括菜单栏、工具栏、注释栏、程序状态栏、程序显示区和指令输入栏等。

(二)输入指令

PLC 所有的指令均在编程画面下部的功能键栏内选择。

(1)通过→、←、↑、↓键或鼠标的点击操作,在程序显示区内移动光标,在光标所在位置输入指令。

(2)在编写程序时,可以通过用鼠标点击功能键栏,或者用 F1 ~ F12 功能键与 Shift 键或 Ctrl 键的组合实现指令输入。功能键栏会随着程序的不同输入状况而改变显示内容,而各条指令将被输入到程序显示区内的光标所处的位置。

(3)程序的编辑。程序的剪切、复制、粘贴、删除、插入、存盘等操作与一般的窗口操作类软件的操作方式相同。其中只有竖线的删除比较特殊，将光标移动至要删除竖线的右侧后，再次点击功能键栏中的“竖线”工具按钮即可。

在程序输入过程中出现误操作等情况时，可选择“编辑”菜单栏中的“返回程序修改前”，将正在编辑的程序恢复到程序修改前（刚执行完的前一次程序转换后）的状态。

（三）程序转换（PG 转换）

在符号梯形图编辑状态下，编辑程序后，必须对程序进行转换，转换为 PLC 可处理的机器码程序，否则一旦退出编辑状态，没有转换的程序将会丢失。在使用符号梯形图方式生成或编辑程序时，程序将被反显为灰色。这表明，在反显范围内的梯形图，在编辑时需要进行程序转换。此时，在程序状态栏中将显示“正在转换”的提示。

进行程序转换有三种方式：一是在“编辑”菜单中点击“PG 转换”；二是点击工具栏中的快捷工具按钮；三是点击功能键栏中的“PG 转换”。

（四）程序下载

将计算机与 PLC 的编程口通过编程电缆连接后，可以通过“下载到 PLC”（或“由 PLC 上载”）工具按钮实现程序的传输。步骤如下：

（1）选择“下载到 PLC”，可通过工具按钮或菜单操作。

（2）确认对话框信息。当继续程序下载时，请单击“是（Y）”按钮。

（3）确认 PLC 动作模式切换。如果 PLC 当前处于 RUN 模式，请单击“是（否）”按钮，将 PLC 切换到 PROG 模式。

（4）显示程序下载的过程。

（5）确认 PLC 动作模式切换。程序下载正常结束后，需要将 PLC 切换到 RUN 模式时，请单击“是（Y）”按钮。

（6）结束程序下载。

四、注意事项

（1）进入 FPWIN GR 编程软件时，PLC 机型应选择正确，否则无法正常下载程序。

（2）下载程序前，应确认 PLC 供电正常。

（3）连线时，应先连接 PLC 电源线，再连接 I/O 接线。

（4）在程序反显状态下，生成或编辑程序最多只能进行 33 行的处理，若超过 33 行，PLC 将无法实现 PG 转换。

（5）若向没有注释写入区的 PLC 中下载带有注释的程序，注释将不被传入 PLC。如果再次执行“程序上载”，则注释将被消除。对于这样的 PLC，在下载程序时会出现询问对话框，单击“确定”即可。

（6）强制输入/输出的点数最多 16 点。

五、思考和讨论

（1）应如何有效地使用 FPWIN GR 编程软件的“帮助”菜单？

（2）程序下载后，PLC 能脱离上位机正常运行吗？

（3）如何为程序添加注释？

（4）如何区分“PG 转换”前后的程序？

(5)在现场进行程序调试时,在使用强制 I/O 功能时应注意什么问题?

任务二　基本顺序指令练习

一、实验目的

(1)掌握基本顺序指令的特点和功能。

(2)熟悉可编程控制器和 FPWIN GR 编程软件的使用方法。

二、预习要求

(1)复习 19 条基本顺序指令。

(2)了解 PLC 实验装置。

(3)熟悉 FPWIN GR 编程软件的功能及使用方法。

(4)读懂如表 6-1 所示的顺序指令练习程序 1 和如表 6-2 所示的顺序指令练习程序 2 中所给的梯形图及助记符,认真分析实验中可能得到的结果。

(5)根据表 6-1 中的梯形图,确定 I/O 点数。I 为____点、O 为____点。

(6)根据表 6-2 中的梯形图,确定 I/O 点数。I 为____点、O 为____点。

表 6-1　顺序指令练习程序 1

梯形图	助记符
0 X0 X1 Y0 [ ] Y1 / [ ] 5 (ED)	ST　X0 AN　X1 OT　Y0 / OT　Y1 ED

表 6-2　顺序指令练习程序 2

梯形图	助记符
0 X1 X2 Y0 [ ] X3 X4 6 X1 X2 Y1 [ ] X3 X4 12 (ED)	ST　X1 AN/　X2 ST/　X3 AN　X4 ORS OT　Y0 ST　X1 OR　X3 ST　X2 OR　X4 ANS OT　Y1 ED

三、实验设备

(1)PLC 实验装置一套。
(2)与 PLC 相连的上位机一台。
(3)连接导线一套。

四、实验内容及步骤

(一)顺序指令练习程序 1

(1)根据表 6-1 中的梯形图,确定 I/O 点数。
(2)进入 FPWIN GR 编程软件。
(3)输入表 6-1 所列练习程序,经程序转换后向 PLC 下载该程序。
(4)观察 PLC 运行情况,并与表中梯形图所示逻辑关系比较。
(5)运行结果如下:
①当 X0、X1 输入开关都断开时,Y0 的状态____,Y1 的状态____。
②将 X0 输入开关闭合,主机上输入显示灯 X0 亮,Y0、Y1 均保持之前的状态。接着,将 X1 输入开关闭合,主机上输入显示灯 X0 亮,同时 Y0 亮,Y1 灭。
③只要 X0、X1 任何一个断开,Y0 灭,Y1 亮。
(6)在“视图”菜单中选择“布尔非梯形图”编辑模式,将当前梯形图转换为助记符,并与表 6-1 所列练习程序对照理解。

(二)顺序指令练习程序 2

(1)根据表 6-2 中的梯形图,确定 I/O 点数。
(2)进入 FPWIN GR 编程软件。
(3)输入表 6-2 所列练习程序,经程序转换后向 PLC 下载该程序。
(4)观察 PLC 运行情况,并与表中梯形图所示逻辑关系比较。
(5)运行结果如下:
①只有 X1 闭合,且 X2、X3、X4 都断开时,Y0 的状态____,Y1 的状态____。
②只有 X4 闭合,且 X1、X2、X3 都断开时,Y0 的状态____,Y1 的状态____。
③只有 X1、X2 闭合时,Y0 的状态____,Y1 的状态____。
④只有 X3、X4 闭合时,Y0 的状态____,Y1 的状态____。
(6)在“视图”菜单中选择“布尔非梯形图”编辑模式,将当前梯形图转换成助记符,并与表 6-2 所列练习程序对照理解。

五、注意事项

(1)进入 FPWIN GR 编程软件时,PLC 机型应选择正确,否则无法正常下载程序。
(2)下载程序前,应确认 PLC 供电正常。
(3)连线时,应先连 PLC 电源线,再按照接口电路连 I/O 接线。
(4)实验过程中,认真观察 PLC 的输入输出状态,以验证分析结果是否正确。

六、思考和讨论

(1)在 I/O 接线不变的情况下,能更改控制逻辑吗?

(2)梯形图程序中绘制的横线或竖线需要用导线连接吗？为什么？

(3)当程序不能正常运行时，如何判断是编程错误、PLC 故障，还是外部 I/O 接线错误？

任务三　基本功能指令练习

一、实验目的

(1)掌握基本功能指令的特点和功能。

(2)进一步熟悉可编程控制器和 FPWIN GR 编程软件的使用方法。

二、预习要求

(1)认真复习并掌握基本功能指令的特点和功能。

(2)复习 TM、CT 的减 1 工作原理及延时时间和计数值的设定。

(3)进一步熟悉 FPWIN GR 编程软件的功能及使用方法。

(4)读懂表 6-3 练习程序中所给的梯形图及助记符，认真分析实验中可能得到的结果。

(5)根据表 6-3 中的梯形图，确定 I/O 点数。I 为____点、O 为____点。

三、实验设备

(1)PLC 实验装置一套。

(2)与 PLC 相连的上位机一台。

(3)连接导线一套。

四、实验内容及步骤

(1)根据表 6-3 中的梯形图，确定 I/O 点数。

表 6-3　功能指令练习程序

梯形图	助记符
0 X0 X1 [Y0] X2 [Y1] X3 [TMX 0, K 30] 12 T0 [Y2] 14 (ED)	ST X0 PSHS AN X1 OT Y0 RDS AN X2 OT Y1 POPS AN X3 TMX 0 K 30 ST T0 OT Y2 END

(2)进入 FPWIN GR 编程软件。
(3)输入表 6-3 中所列的练习程序,经程序转换后向 PLC 下载该程序。
(4)观察 PLC 运行情况,并与表中梯形图所示控制功能比较。
(5)运行结果如下:
①X0、X1 输入开关都闭合时,Y0 的状态____,Y1 的状态____,Y2 的状态____。
②当 X0、X2 闭合时,Y0 的状态____,Y1 的状态____,Y2 的状态____。
③当 X0、X3 闭合时,Y0 的状态____,Y1 的状态____,Y2 的状态____。

五、注意事项

(1)实验过程中,认真观察 PLC 的输入状态,以验证分析结果是否正确。
(2)注意定时器、计数器的编号,通常 0 ~ 99 为 TM 区,100 之后为 CT 区。

六、思考和讨论

(1)在练习程序中,如何使 T0 复位?
(2)如何通过更改系统寄存器的设置重新确定定时器和计数器的编号范围?
(3)如何监控定时器和计数器的过程值?

任务四　定时指令的应用

一、实验目的

(1)掌握定时指令的特点、功能并灵活应用。
(2)熟练掌握可编程控制器和 FPWIN GR 编程软件的使用方法。
(3)熟悉编程的简单方法和步骤。

二、预习要求

(1)复习 TM 的功能及延时时间的设定。
(2)进一步熟悉 FPWIN GR 编程软件的功能及使用方法。
(3)读懂如图 6-1 所示的某工件加工工序时序图,并认真分析各步过程。

三、实验设备

(1)PLC 实验装置一套。
(2)与 PLC 相连的上位机一台。
(3)连接导线一套。

四、实验内容及步骤

(1)利用 TM 指令编程,产生连续方波信号输出,其周期设为 3 s,占空比为 1:2。
①根据控制要求,确定 I/O 点数。I 为 1 点,O 为 4 点。
②编制能实现控制要求的 PLC 程序。

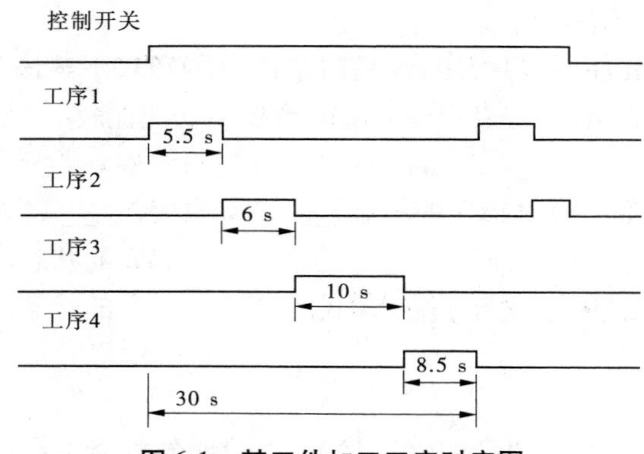

图 6-1　某工件加工工序时序图

③运行并调试程序，产生连续方波信号输出。

(2)设某工件加工过程分为四道工序完成，共需 30 s，其时序要求如图 6-1 所示。X0 为运行控制开关，X0 = ON 时，启动运行；X0 = OFF 时，停机。而且每次启动均从第一道工序开始。利用四条 TM 指令实现上述分级定时控制，并观察 T1 ~ T4 通断情况以及定时器经过值(EV 寄存器内容)的变化情况。

①根据控制要求，确定 I/O 点数。I 为 1 点，O 为 4 点。

②编制能实现加工时序图所要求的 PLC 程序。参考程序如图 6-2 所示。

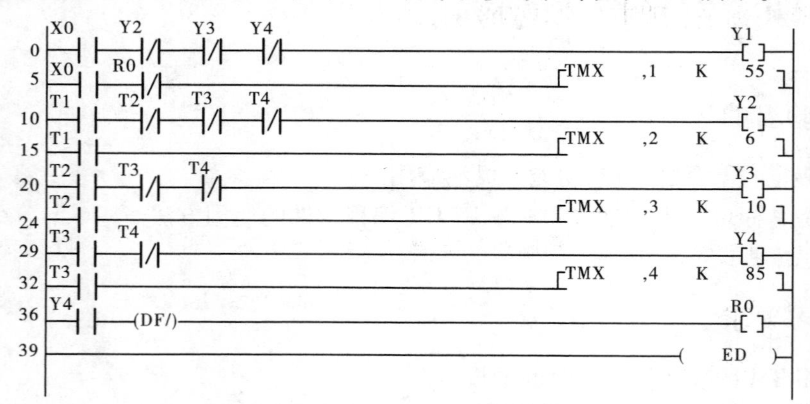

图 6-2　某工件加工梯形图

五、注意事项

(1)注意定时器、计数器的编号，通常 0 ~ 90 为 TM 区，100 以后为 CT 区。

(2)使用定时器经过值寄存器 EV 来编程时，EV 的编号与所使用定时器的编号保持一致。

(3)程序中使用多个定时器指令时，注意灵活运用触电联锁启停定时器。

(4)实验过程中，认真观察 PLC 的输入输出状态，以验证分析结果是否正确。

六、思考和讨论

(1)实验内容(1)可通过定时器互锁轮流导通，再由其中一个定时器控制输出。

(2)实验内容(2)若改用由一个定时器设置全过程时间，再用若干条比较指令来判断和启动各道工序,程序应如何改写?

(3)用比较指令时要注意,TM 是减 1 定时器,当预置值 30 s(K300)开始计数时,过 5.5 s 后,其经过值寄存器 EV 内的值应变为 K245(TMX),所以只有当比较结果 EV 内的值为 K245 时方可启动下一道工序。以此类推,即可实现要求的顺序控制过程。

(4)若 TM 的设定值由外部拨码盘设定,I/O 口应如何连线? 程序应如何编制?

任务五　计数指令的应用

一、实验目的

(1)掌握计数指令的特点、功能并灵活应用。

(2)熟悉编程的简单方法和步骤。

二、预习要求

(1)复习 CT 的功能及计数值的设定。

(2)进一步熟悉 FPWIN GR 编程软件的功能及使用方法。

(3)读懂如图 6-3 所示的三盏灯控制时序图,并认真分析各盏灯的亮灭要求。

(4)对照三盏灯控制时序图,编制 PLC 控制程序。

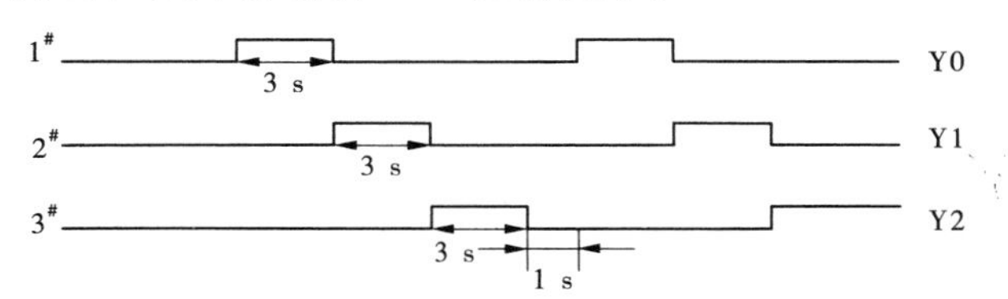

图 6-3　三盏灯控制时序图

三、实验设备

(1)PLC 实验装置一套。

(2)与 PLC 相连的上位机一台。

(3)连接导线一套。

四、实验内容及步骤

(1)利用 CT 指令代替 TM 指令实现如图 6-3 所示的控制要求。

①根据控制要求,确定 I/O 点数。I 为 1 点,O 为 3 点。

②输入如图 6-4 所示的 PLC 参考程序。

③运行程序,并与时序图对比信号输出的状态。

(2)用一个计数器和若干条比较指令实现如图 6-3 所示的控制要求。

(3)用一个输出开关(X2)控制三个灯(Y1、Y2、Y3)。开关闭合三次,1#灯亮:再闭合三次,2#灯亮:再闭合三次,3#灯亮:再闭合一次,1# ~3#灯全灭。如此反复。

①根据控制要求,确定 I/O 点数。I 为 1 点,O 为 3 点。

②编制 PLC 程序并调试。

(4)用可逆计数指令(F118 UDC)实现下面的控制过程,其动作时序如图 6-3 所示。其中要求:

X2 = ON,加计数,从 1#灯亮到 3#灯亮;

X2 = OFF,减计数,从 3#灯亮到 1#灯亮;

X3 = ON,复位,灯全灭。

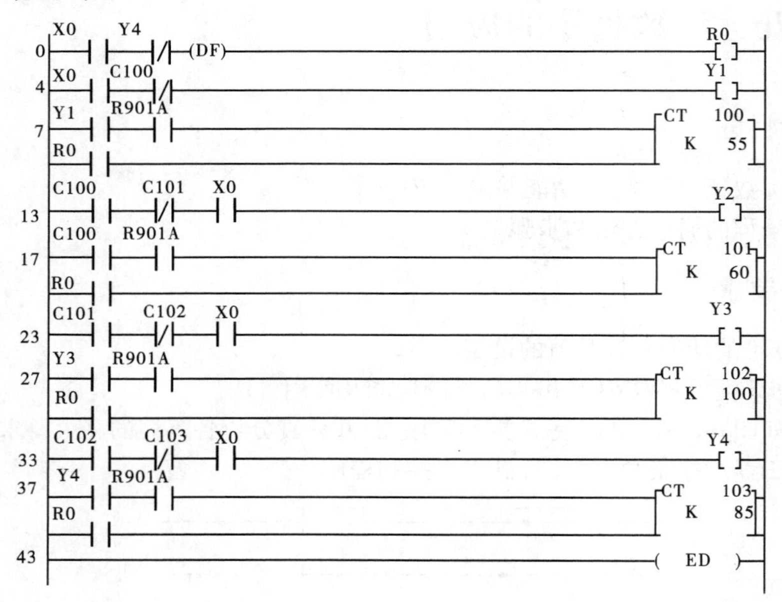

图 6-4　三盏灯控制梯形图

五、注意事项

(1)注意定时器、计数器的编号,通常 0 ~ 99 为 TM 区,100 之后为 CT 区。

(2)使用计数器经过值寄存器 EV 来编程时,EV 的编号与所使用计数器的编号保持一致。

(3)实验内容(1)中,计数脉冲既可以由内部继电器(如图 6-4 中的 R901A)提供,也可以由外部开关提供。当复位信号到来时,CT 重新装入预置值,CT 减到"0",CT 对应触点为 ON。

(4)实验内容(2)中,为了使各个灯可靠地维持到下一组开关动作之后再灭,可引用保持指令(KP)。

(5)F118 UDC 为加/减可逆计数器控制指令,其加 1 或减 1 的功能转换由加/减输入控制端为 ON 或 OFF 来决定;当复位信号来时,重新置入预置值。此计数器无触点,若需利用计数结果发出控制信号,则需利用比较指令。

六、思考和讨论

(1)如何选用特殊内部继电器和外部开关作计数器的 CP 端?

(2)应如何理解 F118 指令的加/减初始值?

(3)若 CT 的设定值由外部拨码盘设定,I/O 口应如何连线?程序应如何编制?

任务六　几种数据移位指令的应用

一、实验目的

(1)掌握数据移位指令的特点、功能及应用。

(2)熟悉编程的简单方法和步骤。

二、预习要求

(1)复习 SR 左移位指令的特点、功能及运用。

(2)复习 F119 双向移位指令的功能及运用。

(3)复习 F100 ~ F123 循环移位指令的功能及应用。

三、实验设备

(1)PLC 实验装置一套。

(2)与 PLC 相连的上位机一台。

(3)连接导线一套。

四、实验内容及步骤

(1)利用移位指令 SR 使输出的 8 个灯从左至右以秒速度依次亮;当灯全亮后再从左至右依次灭。如此反复运行。

①根据控制要求,确定 I/O 点数。

②输入如图 6-5 所示的参考梯形图。

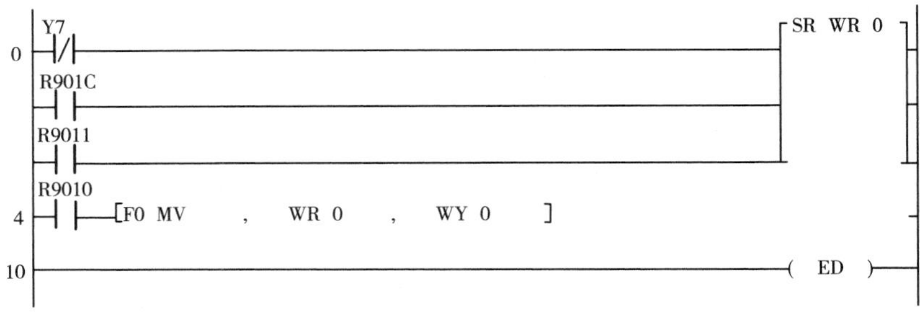

```
     Y7
 0 --|/|----------------------------+-[SR WR 0]
     R901C                          |
   --| |----------------------------+
     R9011                          |
   --| |----------------------------+
     R9010
 4 --| |--[F0 MV    ,  WR 0   ,  WY 0   ]
10 ---------------------------------( ED )
```

图 6-5　参考梯形图

③运行程序,并与时序图对比信号的输出状态。

(2)试用双向及循环移位指令编写出若干种节日彩灯循环显示的程序,并观察其运行

结果。

(3)用移位寄存器的移位功能实现四台电机的顺序启动和停止控制,梯形图见图 6-6。

控制要求:启动→A 工作(10 s)→B 工作(10 s)→C 工作(10 s)→D 工作(1 min)→A 停止(10 s)→B 停止(10 s)→C 停止(10 s)→D 停止。

输入/输出分配:

输入部分:X0——启动按钮;X1——停止按钮。

输出部分:Y1——A 电机;Y2——B 电机;Y3——C 电机;Y4——D 电机。

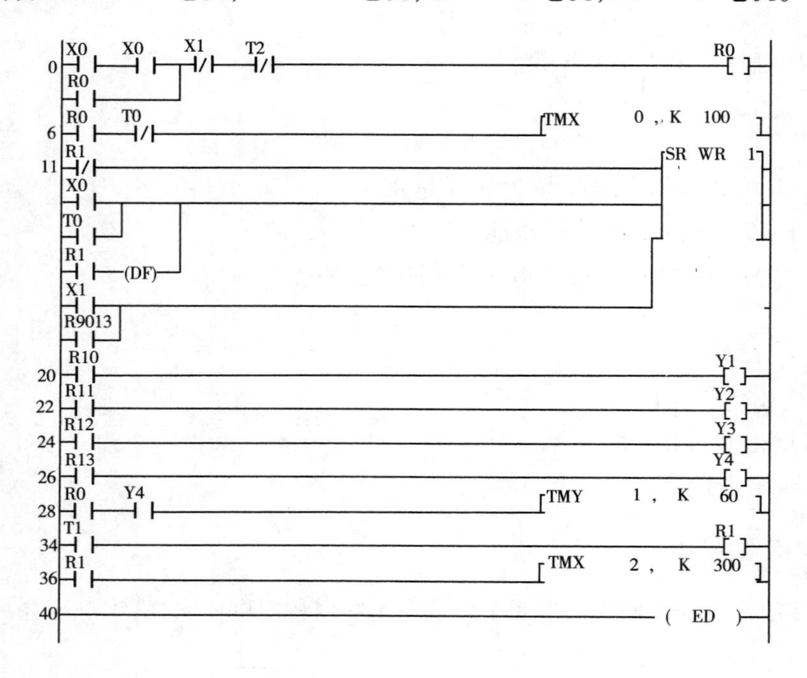

图 6-6　电机控制梯形图

五、注意事项

(1)SR 指令移位对象只限于 WRn,所以要把待移位的数据通过传输指令移到 WRn 中,同时,通过传输指令把移位结果送至输出继电器(WY0)。

(2)移位和循环移位指令一般是针对 16 位数据的,若只有 8 位输出显示,为了使所看到的位移状态不间断,输出结果刚移出显示区时,需要采用相应的措施。

(3)使用循环指令时,只设有一个输入端,当输入条件满足时,每扫描一次该指令,就将移位一次。因此,若要移位速度受输入量的控制,则需加微分指令(DF 或 DF/)。

任务七　子程序调用指令的应用

一、实验目的

掌握子程序调用指令的特点、功能及应用。

二、预习要求

(1)复习子程序调用指令。

(2)读懂如图 6-7、图 6-8 所示的子程序调用练习程序,并分析其运行结果。

```
 0  X0                    (CALL  0)
 3  ----------------------(  ED  0)
 4  ----------------------(SUB   0)
 5  R9013                 [KP  Y  0]
    X2
 8  ----------------------(  RET  )
```

图 6-7　子程序调用练习程序 1

```
 0  X1                    (CALL  0)
 3  --| |-----------------(  ED   )
 4  ----------------------(SUB   0)
 5  R901C                 [CT  100]
    X2                    [K     3]
10  C100                  Y1 [ ]
12  ----------------------(  RET  )
```

图 6-8　子程序调用练习程序 2

三、实验设备

(1)PLC 实验装置一套。

(2)与 PLC 相连的上位机一台。

(3)连接导线一套。

四、实验内容及步骤

(1)输入并运行如图 6-7 所示的程序,分析运行结果:

①X0 = ON 时,调用子程序 0,这时 Y0 = ON 吗?为什么?

②保持 X0 = ON,同时重新下载该程序,调用子程序 0,这时 Y0 = ON 吗?为什么?

(2)输入并运行如图 6-8 所示程序,分析运行结果:

①X1 = ON 时,调用子程序 0,这时 3 s 后 Y1 = ON,若此时 X1 = OFF,则 Y1 = OFF 吗?

②保持 X1 = ON,调用子程序 0,使 X1 = ON,这时 Y1 = OFF 吗? 为什么?

(3)用子程序实现下列控制:

①当 X0 = ON 时,使一个亮灯以秒速度从左至右移动,移动到最右侧后,再重复上述动作。X7 = ON 时开始,X7 = OFF 时停止。

②当 X1 = ON 时,使一个亮灯以秒速度从左至右移动,到最右侧后,再自右向左返回最左侧,如此反复。X6 = ON 时开始,X6 = OFF 时停止。

五、注意事项

编写并运行如图 6-9 所示的程序时,显示两个子程序不能同时执行,因此调用两个子程序的条件应互锁。子程序与主程序共用所有的寄存器,因此在编写有多个子程序的程序时,应使这两个子程序的中间寄存器及结果互不影响。

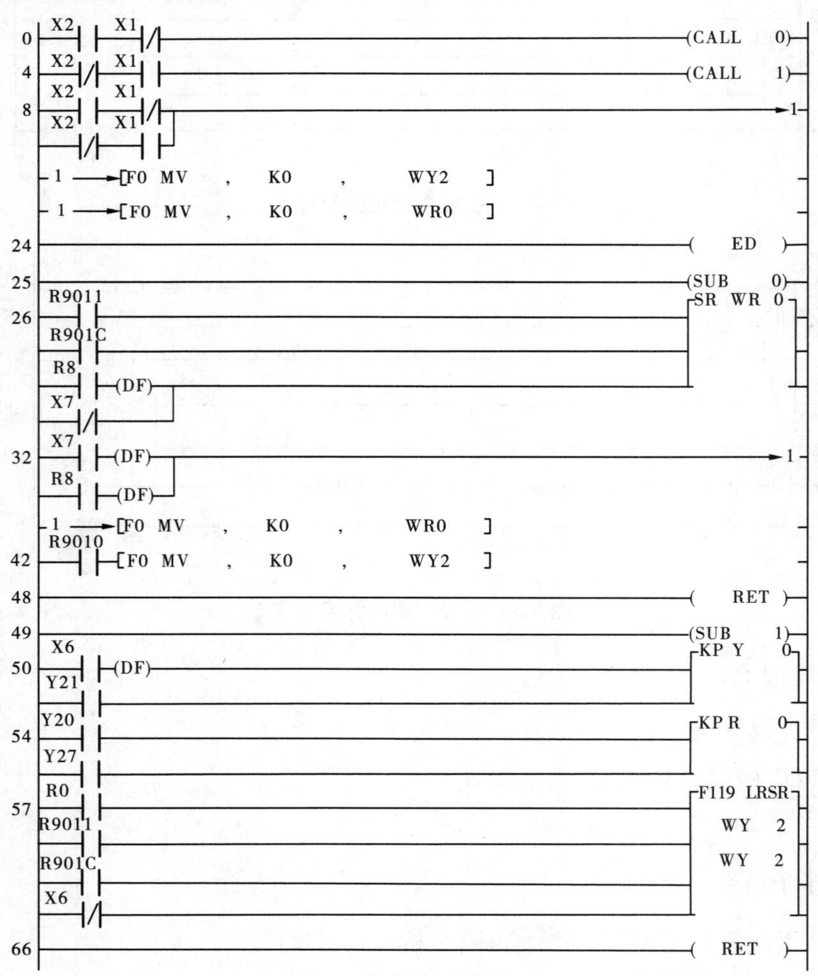

图 6-9　梯形图示例

任务八　数值运算程序设计

一、实验目的

用 PLC 编程进行数值运算。

二、预习要求

(1)复习相关指令的功能及应用。
(2)复习内部继电器的编制方法和使用。
(3)复习 BCD 编码方式。

三、试验设备

(1)PLC 试验装置一套。
(2)与 PLC 相连的上位机一台。
(3)TVT90－2 天塔之光、八段码显示实验板一块。
(4)连接导线一套。

四、实验内容及步骤

(1)分析控制要求:从拨码器 A1、A2 分别输入 4 位 BCD 码(表示 1 位十进制数)相加,显示其结果,有进位则显示器的小数点亮。

(2)I/O 口分配如下:
输入部分:
A1——X0～X3;
A2——X4～X7。
输出部分:
a——Y0;
b——Y1;
c——Y2;
d——Y3;
e——Y4;
f——Y5;
g——Y6;
h——Y7。

(3)输入如图 6-10 所示的 PLC 程序。

(4)运行调试程序。

五、注意事项

(1)每个拨码器所对应的 BCD 码(B0～B3)与 PLC 输入 X0～X3 应依次对应,否则读入

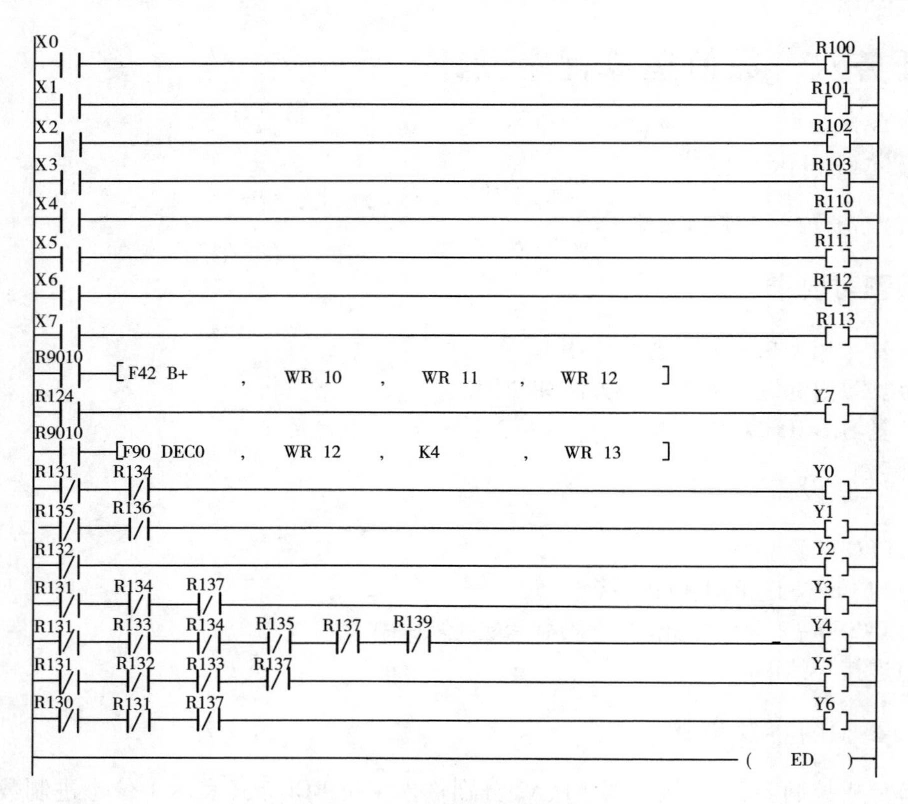

图 6-10 数值运算梯形图

数据错误。

(2)4 位 BCD 码相除,余数存储在特殊数据寄存器 DT9015 中。8 位 BCD 码相除,余数存储在特殊数据寄存器 DT9016、DT9015 中。

六、思考与讨论

(1)对如图 6-10 所示的梯形图,如何简化设计?

(2)完成 4 位 BCD 码减 4 位 BCD 码的运算,显示运算结果,有错位则小数点亮。编制并调试运行程序。

(3)完成 4 位 BCD 码乘 4 位 BCD 码的运算,循环显示运算结果,小数点亮的表示个位,无小数点的表示十位。编制并调试运行程序。

(4)完成 4 位 BCD 码除 4 位 BCD 码的运算,循环显示运算结果,小数点亮的表示商,小数点不亮的表示余数。编制并调试运行程序。

任务九 A/D、D/A 的应用

一、实验目的

掌握 FPO 系列 A21 混合模块的特点和功能。

二、预习要求

(1)复习 A21 模块的特点和功能。A21 模块具有 2 个模拟量输入通道和 1 个模拟量输出通道,通过模块上的模式切换开关可设置输入/输出的幅值。

(2)A21 模块的编址方法。本实验装置中,A21 模块位于第二扩展单元,则各通道编址如下:

输入通道 1——WX4;

输入通道 2——WX5;

输出通道——WY4。

(3)复习 A21 模板的输入输出端子接线。尤其是模拟电流输入时的接线方式。

三、实验设备

(1)PLC 实验装置(具备 A21 扩展模块)一套。

(2)与 PLC 相连的上位机一台。

(3)直流电压表一块。

(4)直流电流表一块。

(5)连接导线一套。

四、实验内容及步骤

(1)将两路电压 Vi0、Vi1 经 A/D 转换后相加,再经 D/A 转换输出电压 V0。实测后判断 Vi0 + Vi1 是否等于 V0。

①输入如图 6-11 所示的程序。

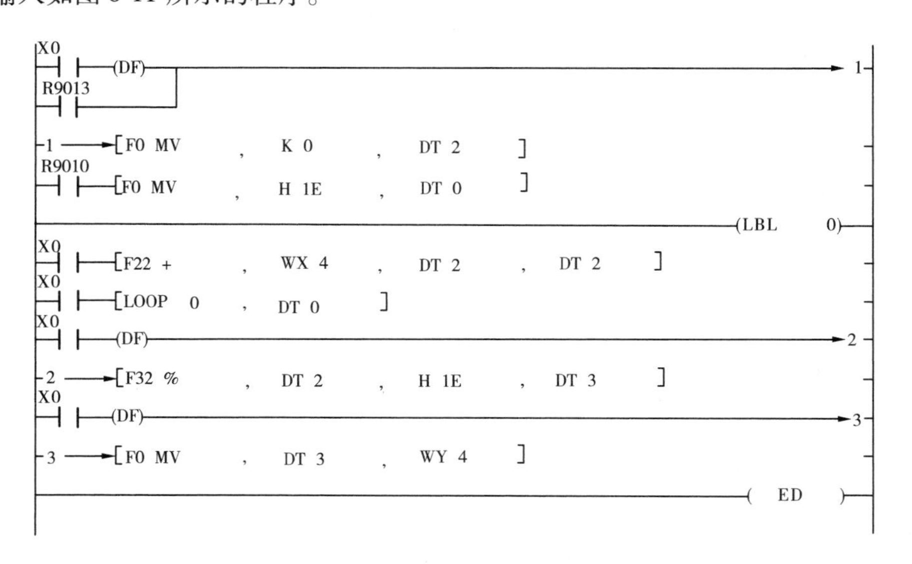

图 6-11　梯形图 1

②将调整好的模拟电压信号 Vi0、Vi1 分别接到 A21 模板的两个通道。

③下载并运行程序。

④测量 A21 模块输出电压信号 V0。

⑤验证：Vi0 + Vi1 = V0。

(2) X0 = ON 时，将一电压 30 次的采样结果经过 A/D 转换后求出其平均值，再经 D/A 转换输出平均电压。

①输入如图 6-12 所示的程序。

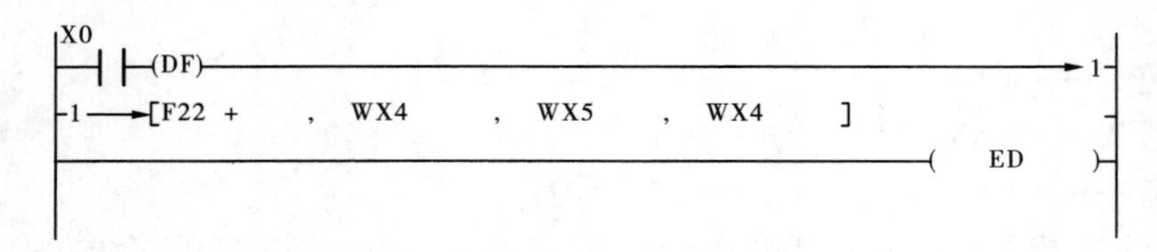

图 6-12　梯形图 2

②将调整好的模拟电压信号 Vi0 接到 A21 模块的输入通道 1。

③下载并运行程序。

④测量 A21 模块输出电压信号 V0。

⑤验证：$V0 = \frac{1}{30}$。

(3) 设计一限幅程序，要求：

①当 A/D 输入电压超过 4 V 时，D/A 的输出电压保持在 4 V，同时 Y0 = ON，指示电压过高。

②当 A/D 输入电压不足 2 V 时，D/A 的输出电压保持在 2 V，同时 Y1 = ON，指示电压过低。

③当 A/D 输出电压在 2 ~ 4 V 时，D/A 的输出电压等于 A/D 的输入电压。

参考程序如图 6-13 所示。

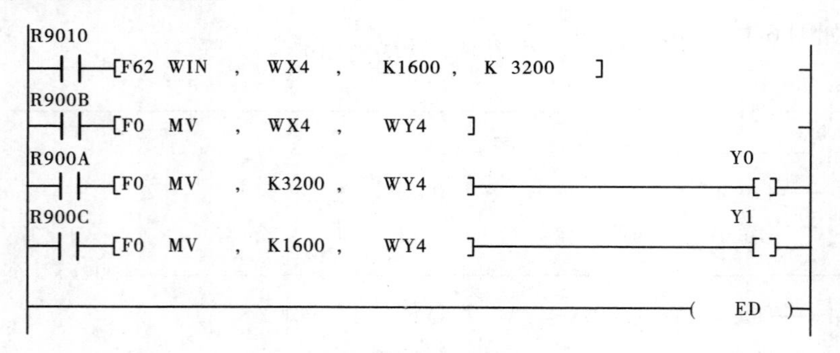

图 6-13　梯形图 3

五、注意事项

在实验内容(2)中，当采样次数多时，在加法、除法运算中要考虑数据是否过大溢出，必要时采用 32bit 加法、除法运算。

六、思考和讨论

(1) 若将输入、输出改为直流 0 ~ 30 mA 中的某一个值，则 A21 的模式开关应如何选择？A21 的端子应如何接线？

(2) 若输入、输出信号改为电流信号，直流电流表应如何接线？

项目七　综合实验

任务一　灯的两地控制

一、实验名称

图 7-1 是灯的两地控制电路图。在楼梯、隧道等照明的场所，需要在一端打开，通过之后在另一端关闭，这就要求在两端都能控制。工程上一般用两个单刀双掷开关来实现。两个单刀双掷开关之间有两根导线，当两个开关接到同一根导线上时，电路接通，灯亮；当两个开关接到不同的导线上时，电路断开，电灯熄灭。

要求用 PLC 实现同样的控制功能，完成 PLC 的硬件、软件设计。

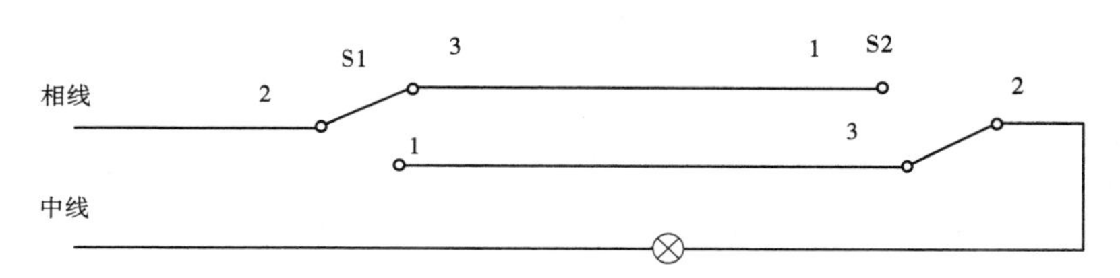

图 7-1　灯的两地控制电路图

二、实验目的

(1) 掌握 FP0 系列 PLC 的基本逻辑指令。
(2) 熟悉 PLC 输入端子的接线方法。
(3) 熟悉输出端子负载的接线方法和电源的接线方法。
(4) 理解基本指令，利用基本指令练习程序。

三、实验设备

(1) KJ226 型 PLC 实验装置一套。
(2) 东方明珠灯光系统一套。
(3) 连接导线一套。

四、控制要求

若加电流表就加在 S1 开关的前面或 S2 开关的后面，电流表的数值视负载功率的大小来选用，利用公式 $I=P/U$ 可以求出电流的大小。如图 7-1 所示，S1 和 S2 分别是安装在两个地方的开关。当 S1、S2 开关均处于上触点位置时为导通状态，负载得电工作。当 S1 处于

下触点时电路断开,负载断电不工作。当 S1 处于下触点时,将 S2 也打在下触点,那么电路再次构成回路,负载得电工作;当再次将 S2 打在上触点时电路再次断电。只要轮流转换 S1 和 S2 的上下触点,就能达到在两地控制的目地。

五、操作分析

通过 PLC 实现两地灯的控制。用两个开关表示楼上开关和楼下开关,把两个开关接到 PLC 的两个输入端 X0 和 X1 上,灯接到 PLC 的输出端 Y0 上。根据系统要求,当 X0 和 X1 的状态不同时,接通输出线圈 Y0,灯亮;当 X0 和 X1 状态相同时,断开 Y0,灯灭。由此可得两地灯控制系统的真值表(见表 7-1)。

表 7-1　两地灯控制系统的真值表

输入		输出
X0	X1	Y0
0	0	0
0	1	1
1	1	0
1	0	1

两地灯控制的工作过程如下。

(1)准备元器件。

CPU224 AC/DC/Relay、24 V 电源、两个开关、一盏灯、连接线等。

(2)确定 I/O 分配表。根据灯的两地控制要求,确定本项目的 I/O 分配表,如表 7-2 所示。

表 7-2　两地灯控制的 I/O 分配表

输入		输出	
X0	楼上开关	Y0	走廊灯
X1	楼下开关		

(3)进行程序编程。

在编程软件环境中,编写梯形图,如图 7-2 所示。

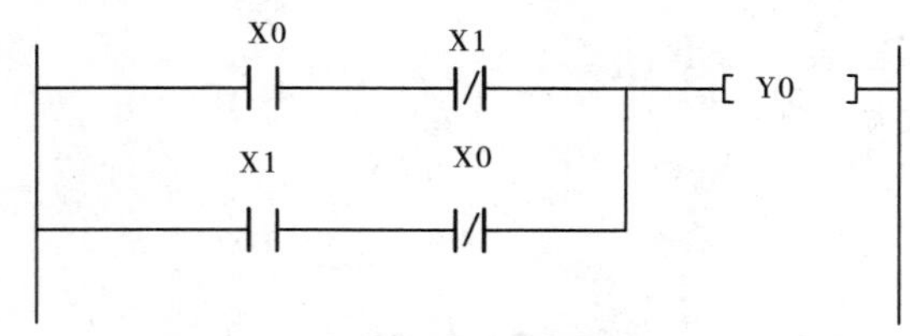

图 7-2　两地灯控制梯形图

①编写程序。

②编译程序。

③下载程序。把编译好的程序下载到 PLC。
④运行程序。

六、检查与评估

工作过程结束时,进行检查与评估,评估项目参照 PLC 职业标准。
评估标准见表 7-3。

表 7-3　检查评估表

项目	要求	分数	评分标准	得分
系统电气原理图设计	完整规范	10	不完整规范,每处扣 2 分	
I/O 分配表	准确完整	10	不完整,每处扣 2 分	
程序设计	简洁易读,符合题目要求	20	不正确,每处扣 5 分	
电气线路安装和连接	线路安全简洁,符合工艺要求	30	不规范,每处扣 5 分	
系统调试	系统设计达到题目要求	30	第一次调试不合格扣 10 分 第二次调试不合格扣 10 分	
时间	60 min,每超时 5 min 扣 5 分,不得超过 10 min			
安全	检查完毕通电,人为短路扣 20 分			

任务二　电机控制

一、实验名称

用 PLC 控制电动机正反转和 Y/△降压启动。

二、实验目的

(1)掌握 FP0 系列 PLC 的基本逻辑指令。
(2)熟悉 PLC 输入端子的接线方法。
(3)熟悉输出端子负载的接线方法和电源的接线方法。
(4)理解基本指令,利用基本指令练习程序。
(5)利用定时器指令练习程序。

三、实验设备

(1)PLC 实验装置一套。
(2)与 PLC 相连的上位机一台。
(3)DX－8 三相交流电机控制模板一块。
(4)连接导线若干。

四、控制要求

(一)正反转控制

按下正转启动按钮 SB1,KM1 接通,电动机正向旋转运行;按下按钮 SB2,KM2 接通,电动机反向旋转运行;按下按钮 SB3,电动机停止运行。

(二)Y/△降压启动

按下启动按钮 SB1,且 KM1、KMY 接通,电动机应启动运行;2 s 后 KMY 断开,KM△ 接通,即完成启动。按下停止按钮 SB2, 电动机停止运行。

五、操作分析

(一)正反转控制

(1)确定 I/O 分配表,见表 7-4。

表 7-4 正反转控制的 I/O 分配表

输入		输出	
X0	正转启动按钮	Y0	电动机正转驱动接触器 KM1
X1	反转启动按钮		
X2	停止按钮	Y1	电动机反转驱动接触器 KM2

(2)进行程序编写。

在编程软件环境中,编写梯形图,如图 7-3 所示。

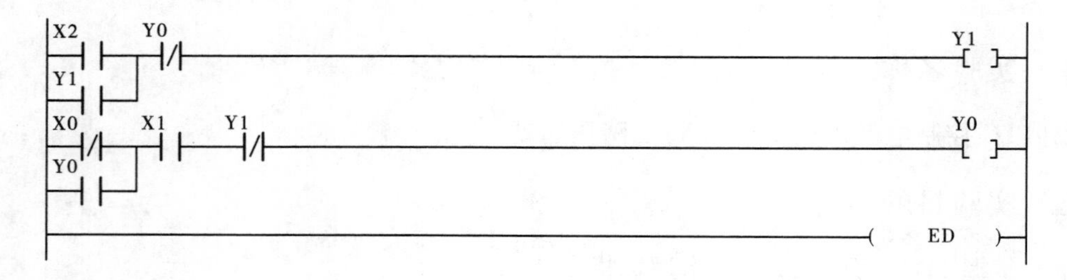

图 7-3 正反转控制梯形图

①编写程序。

②编译程序。

③下载程序。把编译好的程序下载到 PLC。

④运行程序。

(二)Y/△降压启动

(1)确定 I/O 分配表,见表 7-5。

表 7-5　Y/△降压启动的 I/O 分配表

输入		输出	
X0	启动按钮	Y0	KMY
		Y1	KM△
X1	停止按钮	Y2	KM1

(2)进行程序编写。

在编程软件环境中,编写梯形图,如图 7-4 所示。

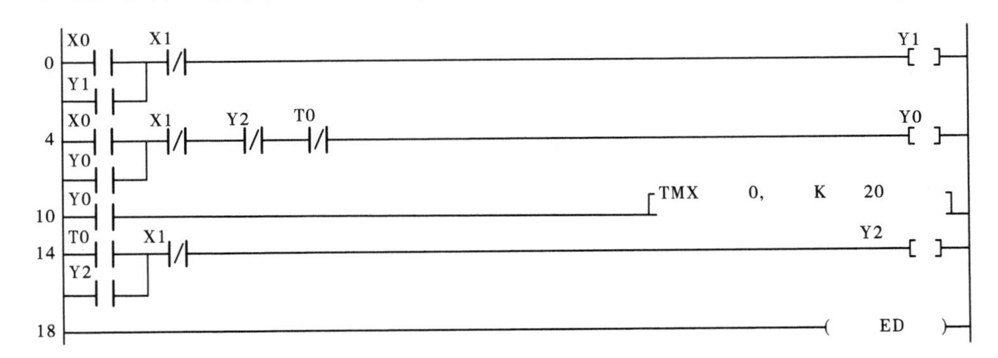

图 7-4　Y/△降压启动梯形图

①编写程序。

②编译程序。

③下载程序。把编译好的程序下载到 PLC。

④运行程序。

六、检查与评估

工作过程结束时,进行检查与评估,评估项目参照 PLC 职业标准。

评估标准见表 7-6。

表 7-6　检查评估表

项目	要求	分数	评分标准	得分
系统电气原理图设计	完整规范	10	不完整规范,每处扣 2 分	
I/O 分配表	准确完整	10	不完整,每处扣 2 分	
程序设计	简洁易读,符合题目要求	20	不正确,每处扣 5 分	
电气线路安装和连接	线路安全简洁,符合工艺要求	30	不规范,每处扣 5 分	
系统调试	系统设计达到题目要求	30	第一次调试不合格扣 10 分 第二次调试不合格扣 10 分	
时间	60 min,每超时 5 min 扣 5 分,不得超过 10 min			
安全	检查完毕通电,人为短路扣 20 分			

任务三　水塔水位自动控制

一、实验名称

水塔水位自动控制。

二、实验目的

(1)掌握 FP0 系列 PLC 的基本逻辑指令。
(2)熟悉 PLC 输入端子的接线方法。
(3)熟悉输出端子负载的接线方法和电源的接线方法。
(4)理解基本指令,利用基本指令练习程序。
(5)利用微分指令 DF、DF/ 指令练习程序。

三、实验设备

(1)PLC 实验装置一套。
(2)与 PLC 相连的上位机一台。
(3)水塔水位自动控制模板一块。
(4)连接导线若干。

四、控制要求

当水塔水位低于水塔低水位界(S2 为 ON)且水池水位高于水池低水位界(S4 为 OFF)时,水泵 M 工作,水塔进水,当水塔水位高于水塔高水位界(S1 为 ON)时,水泵 M 关闭。当水池水位低于水池低水位界(S4 为 ON)时,水泵 M 也将关闭,电磁阀 Y 打开,于是进水(S4 为 OFF),当水池水位高于水池高水位界(S3 为 ON)时,电磁阀 Y 关闭。

五、操作分析

(1)确定 I/O 分配表,见表 7-7。

表 7-7　水塔水位自动控制 I/O 分配表

输入		输出	
S1	X0	M	Y0
S2	X1		
S3	X2	Y	Y1
S4	X3		

(2)进行程序编写。

在编程软件环境中,编写梯形图,如图7-5所示。

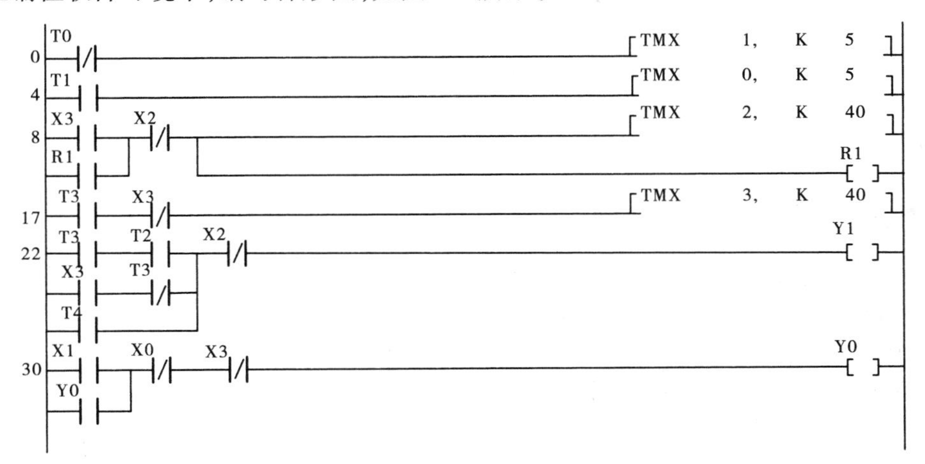

图7-5　水塔水位自动控制梯形图

①编写程序。

②编译程序。

③下载程序。把编译好的程序下载到PLC。

④运行程序。

六、检查与评估

工作过程结束时,进行检查与评估,评估项目参照PLC职业标准。

评估标准见表7-8。

表7-8　检查评估表

项目	要求	分数	评分标准	得分
系统电气原理图设计	完整规范	10	不完整规范,每处扣2分	
I/O分配表	准确完整	10	不完整,每处扣2分	
程序设计	简洁易读,符合题目要求	20	不正确,每处扣5分	
电气线路安装和连接	线路安全简洁,符合工艺要求	30	不规范,每处扣5分	
系统调试	系统设计达到题目要求	30	第一次调试不合格扣10分 第二次调试不合格扣10分	
时间	60 min,每超时5 min扣5分,不得超过10 min			
安全	检查完毕通电,人为短路扣20分			

任务四　路口交通灯控制

一、实验名称

路口交通灯控制。

二、实验目的

(1)熟悉 PLC 逻辑指令。
(2)掌握 PLC 输入、输出端子接线。
(3)掌握定时器指令的应用。
(4)认识特殊寄存器 R901C 并掌握其应用。
(5)初步认识梯形图经验法编程。

三、实验设备

(1)PLC 实验装置一套。
(2)与 PLC 相连的上位机一台。
(3)DX－2 交通灯控制实验板一块。
(4)连接导线一套。

四、控制要求

(1)按下启动按钮后,信号灯开始工作,南北方向红灯、东西方向绿灯同时亮。

(2)东西方向绿灯亮 20 s,闪烁 3 s 后灭,接着东西方向黄灯亮,2 s 后灭,接着东西方向红灯亮,25 s 后东西方向绿灯又亮,如此不断循环,直至停止工作。

(3)南北方向红灯亮 25 s 后,南北方向绿灯亮,20 s 后南北方向绿灯闪烁 3 s 后灭,接着南北方向黄灯亮,2 s 后南北方向红灯又亮,如此不断循环,直至停止工作。

五、操作分析

(1)确定 I/O 分配表,见表 7-9。

表 7-9　路口交通灯控制 I/O 分配表

<table>
<tr><td colspan="2" rowspan="3">输入</td><td colspan="2">输出</td></tr>
<tr><td>Y0</td><td>南北方向红灯</td></tr>
<tr><td>Y1</td><td>南北方向黄灯</td></tr>
<tr><td rowspan="2">X0</td><td rowspan="2">启动按钮</td><td>Y2</td><td>南北方向绿灯</td></tr>
<tr><td>Y3</td><td>东西方向红灯</td></tr>
<tr><td rowspan="2">X1</td><td rowspan="2">停止按钮</td><td>Y4</td><td>东西方向黄灯</td></tr>
<tr><td>Y5</td><td>东西方向绿灯</td></tr>
</table>

(2)进行程序编写。

在编程软件环境中,编写梯形图,如图 7-6 所示。

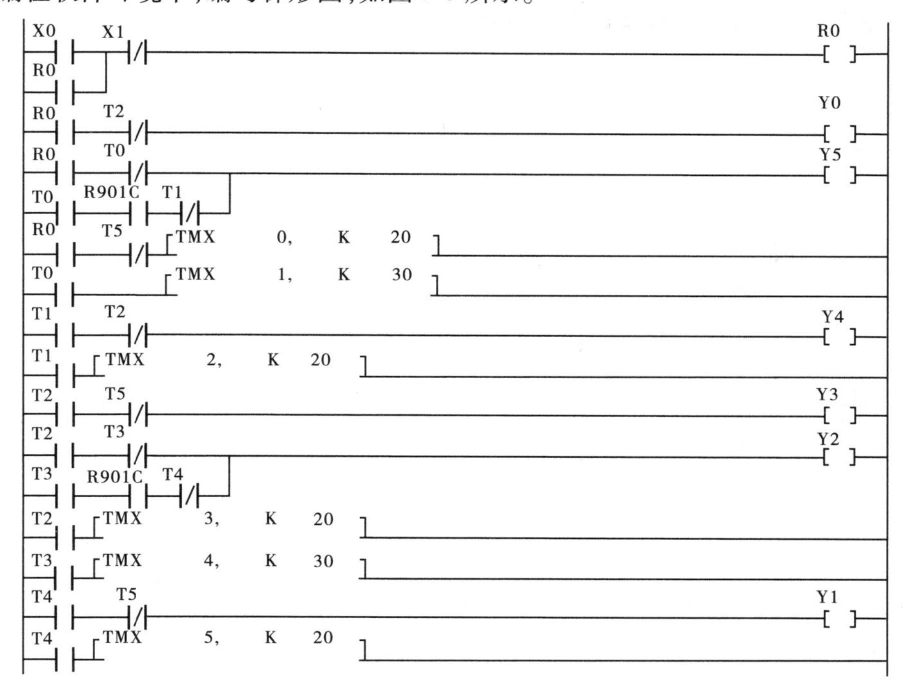

图 7-6 路口交通灯控制梯形图

①编写程序。
②编译程序。
③下载程序。
把编译好的程序下载到 PLC。
④运行程序。

六、检查与评估

工作过程结束时,进行检查与评估,评估项目参照 PLC 职业标准。
评估标准见表 7-10。

表 7-10 检查评估表

项目	要求	分数	评分标准	得分
系统电气原理图设计	完整规范	10	不完整规范,每处扣 2 分	
I/O 分配表	准确完整	10	不完整,每处扣 2 分	
程序设计	简洁易读,符合题目要求	20	不正确,每处扣 5 分	
电气线路安装和连接	线路安全简洁,符合工艺要求	30	不规范,每处扣 5 分	
系统调试	系统设计达到题目要求	30	第一次调试不合格扣 10 分 第二次调试不合格扣 10 分	
时间	60 min,每超时 5 min 扣 5 分,不得超过 10 min			
安全	检查完毕通电,人为短路扣 20 分			

任务五　自动送料装车系统

一、实验名称

自动送料装车系统。

二、实验目的

(1)熟悉 PLC 逻辑指令。
(2)掌握 PLC 输入、输出端子接线。
(3)掌握定时器指令的应用。
(4)熟练掌握梯形图经验法编程。

三、实验设备

(1)PLC 实验装置一套。
(2)与 PLC 相连的上位机一台。
(3)自动送料装车系统实验板一块。
(4)KJ226 按钮开关适配箱一个。

四、控制要求

(1)初始状态 L1 = OFF,L2 = ON,K1 = ON,表示允许汽车开始装料,料斗 K2 及电动机 M1、M2、M3 皆为 OFF。

(2)当汽车到来时 S1 = ON,再启动 S2 = ON,L1 亮,L2 灭,电动机 M3 运行,电动机 M3 运行 2 s 后 M2 接通,M2 运行 2 s 后 M1 也接通运行,料斗 K2 在 M1 接通 2 s 后打开出料。

(3)当汽车装满料后 S2 = OFF,然后 S1 = OFF,L1 = OFF,S2 = ON,料斗 K2 关闭,电动机 M1 运行 2 s 后停止,M1 停止 2 s 后 M2 停止,M2 停止 2 s 后 M3 停止。

五、操作分析

(1)确定 I/O 分配表,见表 7-11。

表 7-11　自动送料装车系统 I/O 分配表

输入		输出	
X0	S1	Y0	L1
		Y1	L2
		Y2	K1
		Y3	K2
X1	S2	Y4	M1
		Y5	M2
		Y21	M3

(2)进行程序编写。

在编程软件环境中,编写梯形图,如图7-7所示。

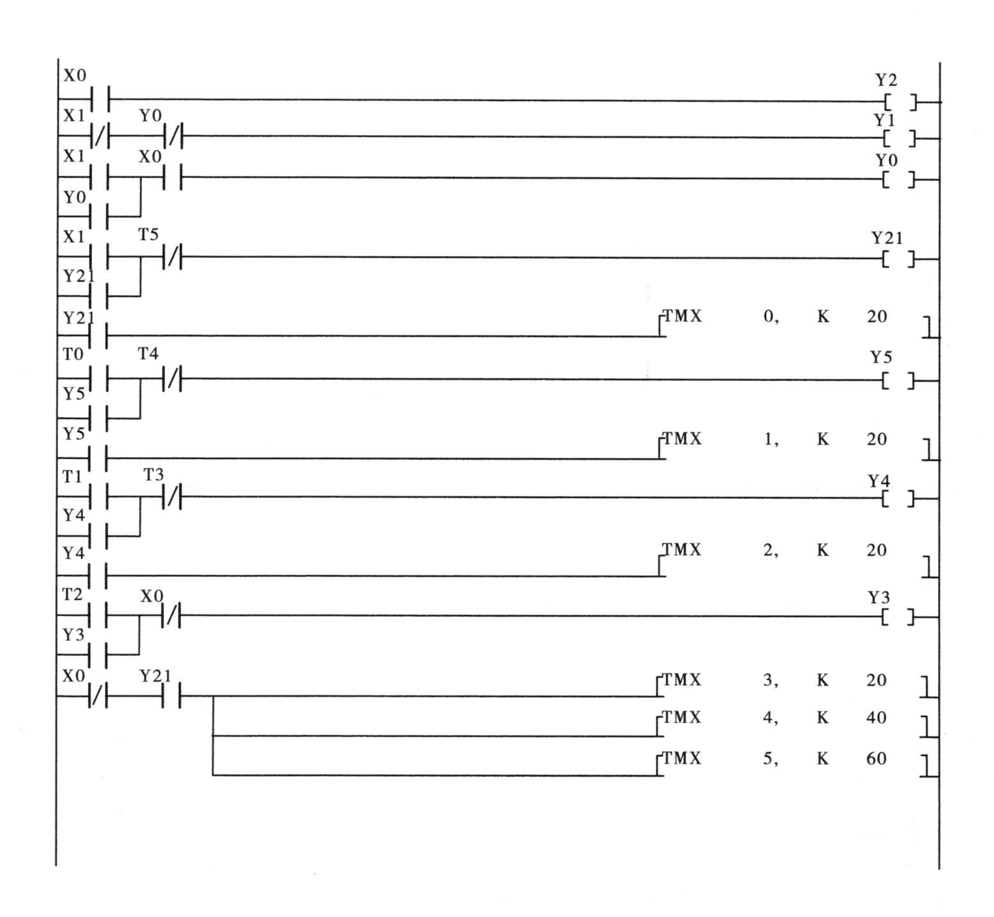

图7-7　自动送料装车系统梯形图

①编写程序。

②编译程序。

③下载程序。把编译好的程序下载到PLC。

④运行程序。

六、检查与评估

工作过程结束时,进行检查与评估,评估项目参照PLC职业标准。

评估标准见表7-12。

表7-12　检查评估表

项目	要求	分数	评分标准	得分
系统电气原理图设计	完整规范	10	不完整规范,每处扣2分	
I/O分配表	准确完整	10	不完整,每处扣2分	
程序设计	简洁易读,符合题目要求	20	不正确,每处扣5分	
电气线路安装和连接	线路安全简洁,符合工艺要求	30	不规范,每处扣5分	
系统调试	系统设计达到题目要求	30	第一次调试不合格扣10分 第二次调试不合格扣10分	
时间	60 min,每超时5 min扣5分,不得超过10 min			
安全	检查完毕通电,人为短路扣20分			

任务六　液体混合装置控制

一、实验名称

液体混合装置控制。

二、实验目的

(1)熟练使用置位和复位等基本指令。
(2)通过对工程实例的模拟熟练地掌握PLC的编程和程序调试。

三、实验设备

(1)PLC实验装置一套。
(2)与PLC相连的上位机一台。
(3)DX－6多种混合液自动装置一套。
(4)连接导线一套。

四、控制要求

(1)按下启动按钮SB1后,电磁阀YV1通电打开,液体A流入容器。

(2)当液体高度达到 I 时,液位传感器 I 接通,此时电磁阀 YV1 断电关闭,而电磁阀 YV2 通电打开,液体 B 流入容器。

(3)当液体高度到达 H 时,液位传感器 H 接通,这时电磁阀 YV2 关闭,同时启动搅拌机 M 搅拌。

(4)20 s 后,搅拌机 M 停止搅拌,这时电磁阀 YV3 通电打开,放出混合后的液体到下一道工序。

(5)当液位下降到 L 后,延时 2 s,使电磁阀 YV3 断电关闭,并自动开始新的工作周期。

(6)该液体混合装置在按下停机按钮 SB2 时,要求不能立即停止工作,直到完成一个工作循环时才停止工作,停机指示灯 Y3 亮。

五、实验步骤

(1)确定 I/O 分配表,见表 7-13。

表 7-13　液体混合装置控制 I/O 分配表

输入		输出	
X0	启动按钮 SB1	Y0	电磁阀 YV1
X1	传感器 I	Y1	电磁阀 YV2
X2	传感器 H	Y2	搅拌机 M
X3	传感器 L	Y3	电磁阀 YV3
X4	停止按钮 SB2	Y4	停机指示灯 Y3

(2)进行程序编写。

在编程软件环境中,编写梯形图,如图 7-8 所示。

①编写程序。

②编译程序。

③下载程序。把编译好的程序下载到 PLC。

④运行程序。

六、检查与评估

工作过程结束时,进行检查与评估,评估项目参照 PLC 职业标准。

评估标准见表 7-14。

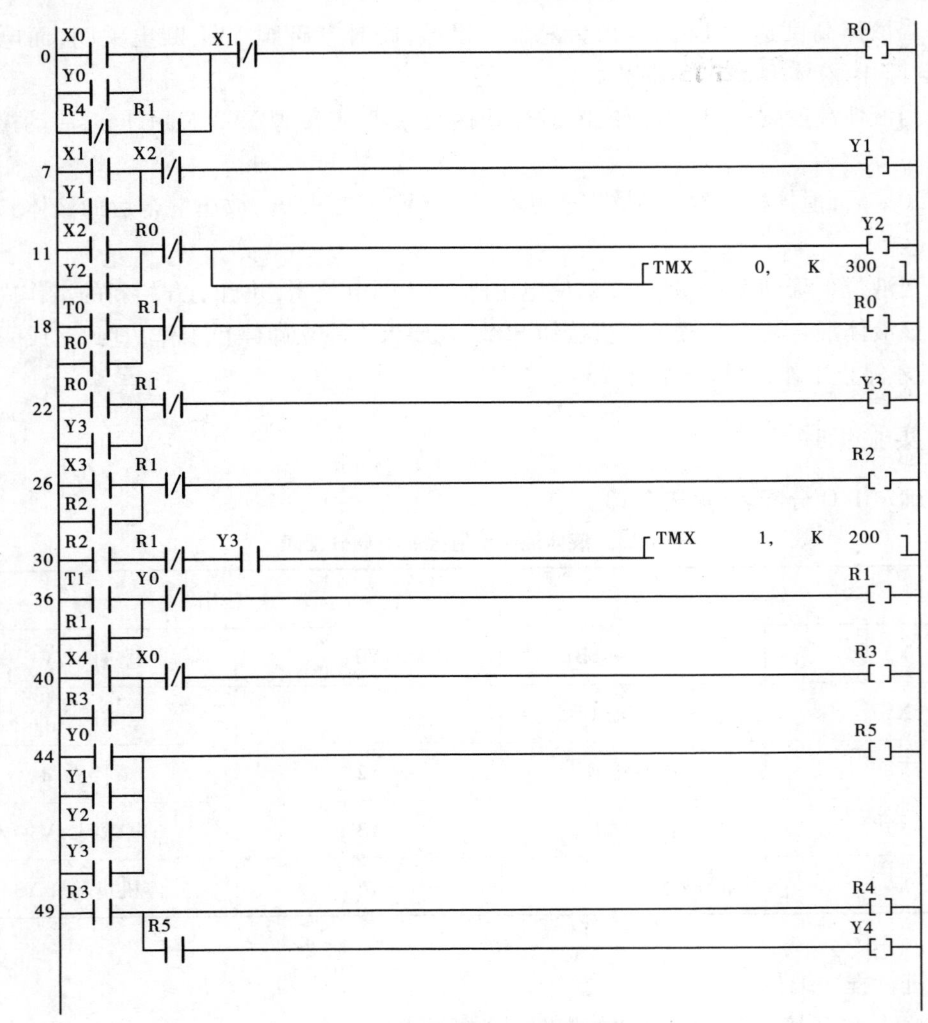

图 7-8　液体混合装置控制梯形图

表 7-14　检查评估表

项目	要求	分数	评分标准	得分
系统电气原理图设计	完整规范	10	不完整规范，每处扣 2 分	
I/O 分配表	准确完整	10	不完整，每处扣 2 分	
程序设计	简洁易读，符合题目要求	20	不正确，每处扣 5 分	
电气线路安装和连接	线路安全简洁，符合工艺要求	30	不规范，每处扣 5 分	
系统调试	系统设计达到题目要求	30	第一次调试不合格扣 10 分 第二次调试不合格扣 10 分	
时间	60 min，每超时 5 min 扣 5 分，不得超过 10 min			
安全	检查完毕通电，人为短路扣 20 分			

任务七　灯塔控制

一、实验名称

灯塔控制。

二、实验目的

(1)熟悉 PLC 逻辑指令。
(2)掌握 PLC 输入、输出端子接线。
(3)掌握定时器指令的应用。
(4)掌握梯形图时序法编程。

三、实验设备

(1)PLC 实验装置一套。
(2)与 PLC 相连的上位机一台。
(3)DX－8 东方明珠灯塔控制实验板一块。
(4)KJ226 按钮开关适配箱一个。
(5)连接导线一套。

四、控制要求

(1)使用时序法编写梯形图。

(2)L0 亮 5 s 灭,L1 亮 5 s 灭,L2、L3、L4、L5 亮 5 s 灭,L6、L7、L8、L9 亮 5 s 灭,L0 、L1、L2、L3、L4、L5、L6、L7、L8、L9 全亮 5 s 灭,5 s 后 L0 亮,如此循环下去。

五、操作分析

(1)写出简化工作过程:

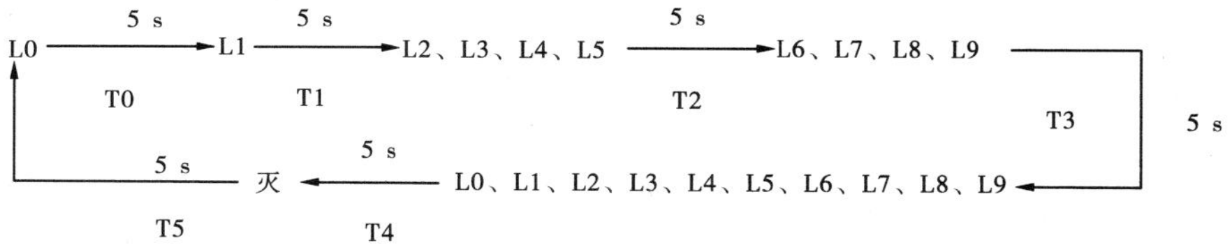

L0 —5 s (T0)→ L1 —5 s (T1)→ L2、L3、L4、L5 —5 s (T2)→ L6、L7、L8、L9 —5 s (T3)→ L0、L1、L2、L3、L4、L5、L6、L7、L8、L9 —5 s (T4)→ 灭 —5 s (T5)→ L0

(2)进行程序编写,梯形图见图 7-9。

六、检查与评估

工作过程结束时,进行检查与评估,评估项目参照 PLC 职业标准。
评估标准见表 7-15。

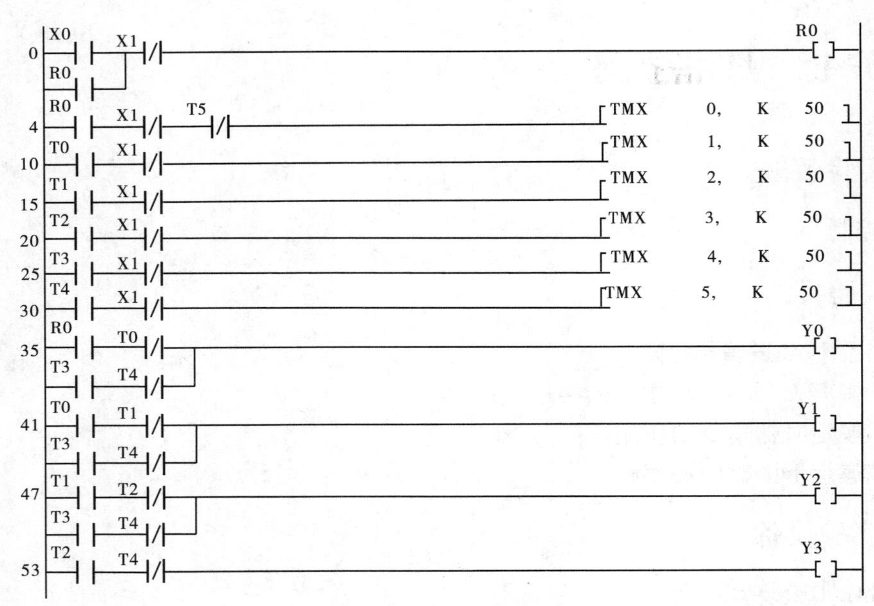

图 7-9　灯塔控制梯形图

表 7-15　检查评估表

项目	要求	分数	评分标准	得分
系统电气原理图设计	完整规范	10	不完整规范，每处扣 2 分	
I/O 分配表	准确完整	10	不完整，每处扣 2 分	
程序设计	简洁易读，符合题目要求	20	不正确，每处扣 5 分	
电气线路安装和连接	线路安全简洁，符合工艺要求	30	不规范，每处扣 5 分	
系统调试	系统设计达到题目要求	30	第一次调试不合格扣 10 分 第二次调试不合格扣 10 分	
时间	60 min，每超时 5 min 扣 5 分，不得超过 10 min			
安全	检查完毕通电，人为短路扣 20 分			

任务八　东方明珠控制系统

一、实验名称

东方明珠控制系统。

二、实验目的

(1)学习 CT 计数器的原理和基本控制方法。
(2)学习 R901C 1 s 时钟脉冲继电器的原理和基本控制方法。
(3)用 R901C 1 s 时钟脉冲继电器和 CT 计数器对东方明珠进行 PLC 编程控制。

三、实验设备

(1)KJ226 型 PLC 实验装置一套。

(2)DX－8 东方明珠控制系统实验板一块。

(3)连接导线一套。

四、控制要求

按下启动按钮,L0 亮,5 s 后 L1 亮,L1 亮的同时 L0 灭,5 s 后 L2、L3、L4、L5 亮,同时 L1 灭,5 s 后 L6、L7、L8、L9 亮,L2、L3、L4、L5 灭,5 s 后 L0 又亮,如此循环下去,组成灯光由上向下运动的动感效果,按下停止按钮,演示结束。

五、操作分析

(1)确定 I/O 分配表,见表 7-16。

表 7-16　东方明珠控制系统 I/O 分配表

输入		输出	
X0	启动按钮	Y0	L0
		Y1	L1
X1	停止按钮	Y2	L2、L3、L4、L5
		Y3	L6、L7、L8、L9

(2)进行程序编写。

在编程软件环境中,编写梯形图,如图 7-10 所示。

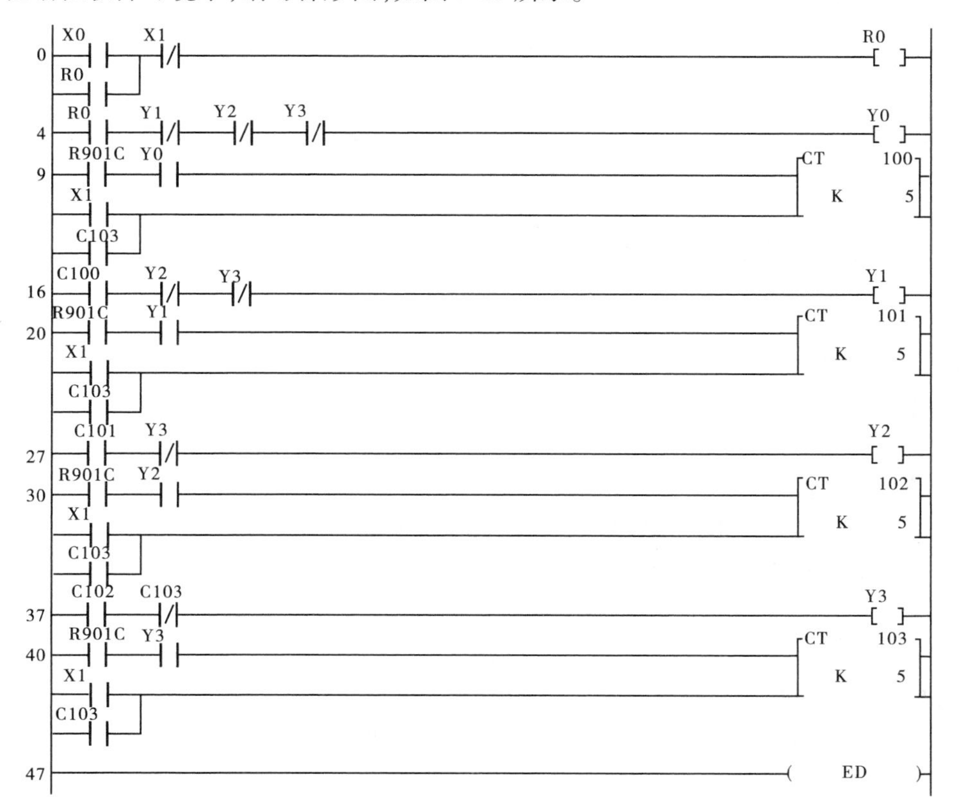

图 7-10　东方明珠控制系统梯形图

①编写程序。
②编译程序。
③下载程序。把编译好的程序下载到PLC。
④运行程序。

六、检查与评估

工作过程结束时，进行检查与评估，评估项目参照PLC职业标准。
评估标准见表7-17。

表7-17　检查评估表

项目	要求	分数	评分标准	得分
系统电气原理图设计	完整规范	10	不完整规范，每处扣2分	
I/O分配表	准确完整	10	不完整，每处扣2分	
程序设计	简洁易读，符合题目要求	20	不正确，每处扣5分	
电气线路安装和连接	线路安全简洁，符合工艺要求	30	不规范，每处扣5分	
系统调试	系统设计达到题目要求	30	第一次调试不合格扣10分 第二次调试不合格扣10分	
时间	60 min，每超时5 min扣5分，不得超过10 min			
安全	检查完毕通电，人为短路扣20分			

任务九　抢答器程序设计

一、实验名称

抢答器程序设计。

二、实验目的

(1)通过抢答器程序设计，掌握八段数码管显示器的工作原理。
(2)用F91指令实现抢答器功能，掌握八段数码管的功能及应用。

三、实验设备

(1)KJ226型PLC实验装置一套。
(2)DX－1东方明珠灯光系统、八段码显示器实验板一块。
(3)连接导线一套。

四、控制要求

(一)用基本顺序指令实现四组抢答器功能

设计一个四组抢答器,任一组抢先按下按键后,显示器能及时显示该组的编号并使蜂鸣器发出响声,同时锁住抢答器,使其他组按下按键无效。抢答器有复位开关,复位后可重新抢答。

(二)用 F91 指令实现四组抢答器功能

(1)控制要求同上。

(2)输入如图 7-11 所示的 PLC 程序。

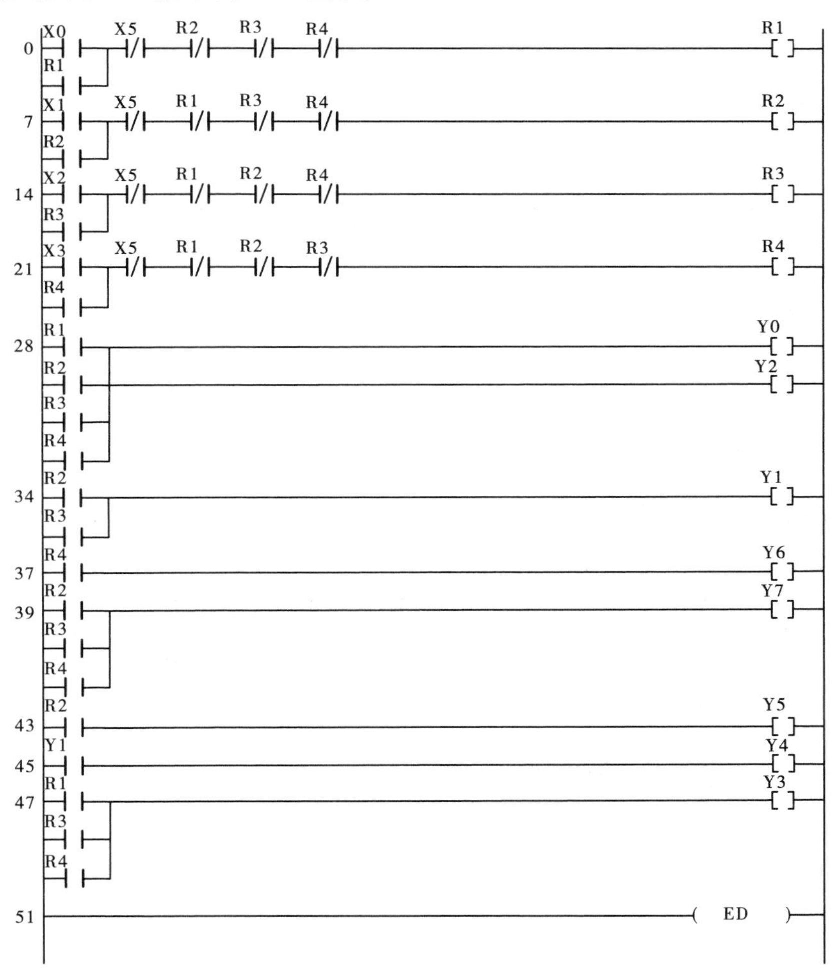

图 7-11 用基本顺序指令实现四组抢答器功能的梯形图

(3)运行程序,将信号输出状态与抢答器功能 I/O 分配表相对照。

五、操作分析

(一)用基本顺序指令实现四组抢答器功能

(1)确定 I/O 分配表,见表 7-18。

表 7-18　用基本顺序指令实现四组抢答器功能的 I/O 分配表

输入		输出	
启动按钮	X0	Y0	a
		Y1	b
		Y2	c
		Y3	d
停止按钮	X1	Y4	e
		Y5	f
		Y6	g
		Y7	h

(2)进行程序编写。

在编程软件环境中,编写梯形图,如图 7-11 所示。

①编写程序。

②编译程序。

③下载程序。把编译好的程序下载到 PLC。

④运行程序。

(二)用 F91 指令实现四组抢答器功能

(1)确定 I/O 分配表,见表 7-19。

表 7-19　用 F91 指令实现四组抢答器功能的 I/O 分配表

输入		输出	
X0	启动按钮	Y0	a
		Y1	b
		Y2	c
		Y3	d
X1	停止按钮	Y4	e
		Y5	f
		Y6	g
		Y7	h

(2)进行程序编写。

在编程软件环境中,编写梯形图,如图 7-12 所示。

①编写程序。

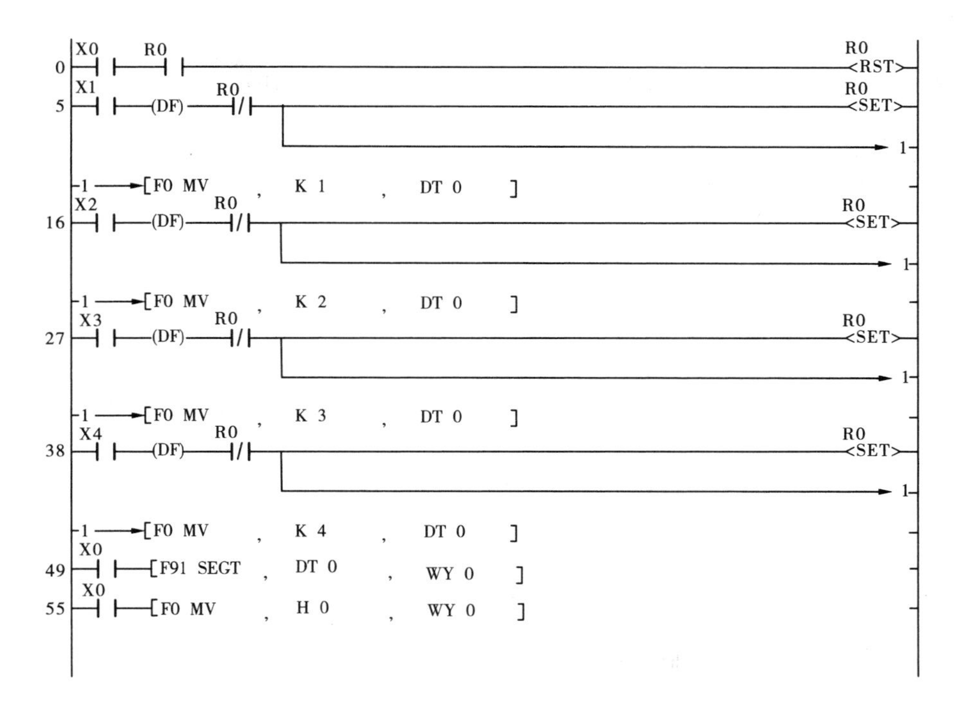

图 7-12　用 F91 指令实现四组抢答器功能的梯形图

②编译程序。

③下载程序。把编译好的程序下载到 PLC。

④运行程序。

六、注意事项

(1)各抢答按键应选用独立按键。

(2)各程序中的输出点应与外部实际 I/O 正确连接,尤其是 Y0 口的连接,否则会显示错误。

(3)F91 解码后,正确连接 PLC 的输出和数码管的各个引脚。

(4)按下复位开关 X5 后,应使数码管全暗。

七、检查与评估

工作过程结束时,进行检查与评估,评估项目参照 PLC 职业标准。

评估标准见表 7-20。

八、拓展实训

(1)设计 0 ~ 9 数字循环显示程序。

控制要求:使一个数码管以秒速度依次显示“0”“1”…“8”“9”“8”…“1”“0”,并循环执行下去。

表 7-20　检查评估表

项目	要求	分数	评分标准	得分
系统电气原理图设计	完整规范	10	不完整规范,每处扣 2 分	
I/O 分配表	准确完整	10	不完整,每处扣 2 分	
程序设计	简洁易读,符合题目要求	20	不正确,每处扣 5 分	
电气线路安装和连接	线路安全简洁,符合工艺要求	30	不规范,每处扣 5 分	
系统调试	系统设计达到题目要求	30	第一次调试不合格扣 10 分 第二次调试不合格扣 10 分	
时间	60 min,每超时 5 min 扣 5 分,不得超过 10 min			
安全	检查完毕通电,人为短路扣 20 分			

(2)试完成能满足以下控制要求的程序设计,调试并运行程序。

控制要求:显示在一段时间 T 内按过的按键的最大号数,即在时间 T 内键按下后,PLC 自动判断键号是大于还是小于前面按下的键号,若大于,则显示此时按下的键号;若小于,则原键号不变。如果键按下的时间与复位的时间相差超过时间 T,则不管键号为多少,皆无效。复位键按下后,重新开始,显示器显示无效。

任务十　全自动无人售货机系统

一、实验名称

全自动无人售货机系统。

二、实验目的

(1)掌握 FP0 系列 PLC 的基本逻辑指令、加法指令、减法指令、比较指令、逻辑运算指令。

(2)熟悉 PLC 输入端子的接线方法。

(3)理解基本指令,利用基本指令练习程序。

(4)用 PLC 构成全自动无人售货机系统。

三、实验设备

(1)PLC 实验装置一套。

(2)KJ226 - 7 全自动无人售货机系统实验板一块。

(3)连接导线一套。

四、控制要求

(1)此全自动无人售货机可投入 1 元、5 元、10 元。

(2)当投入的货币总值等于或超过 12 元时,汽水按钮指示灯亮;当投入的货币总值等于或超过 15 元时,汽水、咖啡按钮指示灯都亮。

(3)当汽水按钮指示灯亮时,按汽水按钮,则汽水排出 7 s 后自动停止。汽水排出时,相应的指示灯闪烁。

(4)当咖啡按钮指示灯亮时,动作同上。

(5)若投入的硬币总值超过所需钱数(汽水 12 元、咖啡 15 元)时,找钱指示灯亮。

五、操作分析

(1)确定 I/O 分配表,见表 7-21。

表 7-21　全自动无人售货机系统 I/O 分配表

输入		输出	
X0	1 元投币口	Y0	可乐出口
X1	5 元投币口	Y1	果汁出口
X2	10 元投币口	Y2	咖啡指示灯
X3	咖啡	Y3	汽水指示灯
X4	汽水	Y4	找钱指示灯
X5	退币口		

(2)进行程序编写。

在编程软件环境中,编写梯形图,如图 7-13 所示。

①编写程序。

②编译程序。

③下载程序。把编译好的程序下载到 PLC。

④运行程序。

六、检查与评估

工作过程结束时,进行检查与评估,评估项目参照 PLC 职业标准。

评估标准见表 7-22。

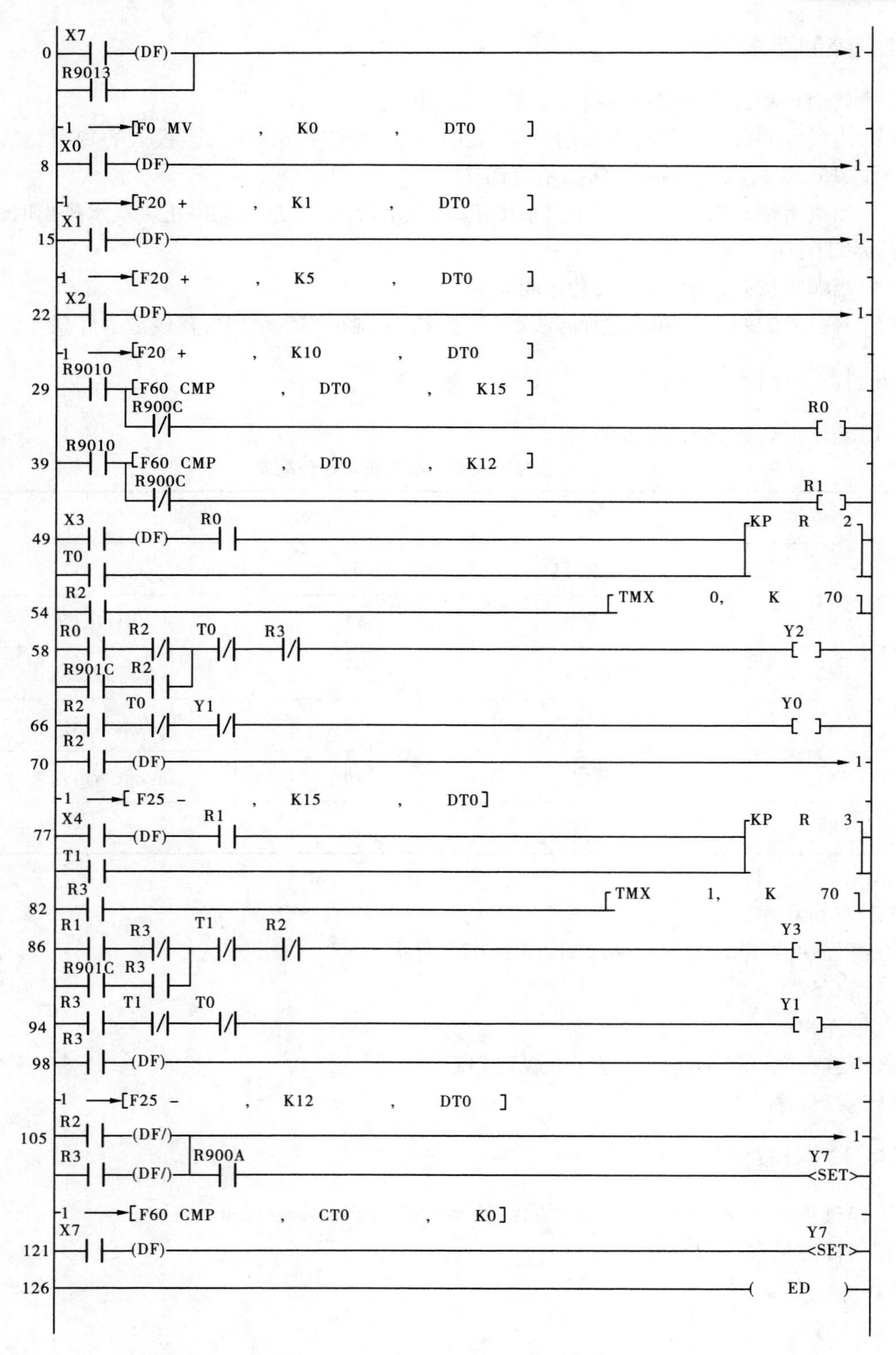

图 7-13 全自动无人售货机系统梯形图

表 7-22 检查评估表

项目	要求	分数	评分标准	得分
系统电气原理图设计	完整规范	10	不完整规范,每处扣 2 分	
I/O 分配表	准确完整	10	不完整,每处扣 2 分	
程序设计	简洁易读,符合题目要求	20	不正确,每处扣 5 分	
电气线路安装和连接	线路安全简洁,符合工艺要求	30	不规范,每处扣 5 分	
系统调试	系统设计达到题目要求	30	第一次调试不合格扣 10 分 第二次调试不合格扣 10 分	
时间	60 min,每超时 5 min 扣 5 分,不得超过 10 min			
安全	检查完毕通电,人为短路扣 20 分			

项目八　拓展实验

任务一　邮件分拣系统

一、实验名称

邮件分拣系统。

二、实验目的

(1)掌握 PLC 控制系统的配置、编程与调试的基本思路和方法。

(2)掌握构建 PLC 控制系统的方法和步骤。

(3)具备一定维护和优化 PLC 程序的能力。

三、实验设备

(1)PLC 实验装置一套。

(2)DX－4 邮件分拣系统模板一块。

(3)KJ226 按钮开关适配箱两个。

(4)连接导线若干。

四、控制要求

(1)启动后绿灯 L2 亮,表示可以进邮件。

(2)S2 为 ON 表示检测到了邮件,拨码器(X20～X23)模拟邮件的邮码,从拨码器读到邮码的正常值为 1、2、3、4、5,若非此 5 个数,则红灯 L1 闪烁,表示出错,电动机 M1 停止。

(3)重新启动后,能重新运行,若为此 5 个数中的任一个,则红灯 L1 亮,电动机 M5 运行,将邮件分拣至箱内,完成后 L1 灭,L2 亮,表示可以继续分拣邮件。

五、操作步骤

(1)确定 I/O 分配表,见表 8-1。

(2)进行程序编写。

在编程软件环境中,编写梯形图,如图 8-1 所示。

①编写程序。

②编译程序。

③下载程序。

表 8-1　邮件分拣系统 I/O 分配表

输入		输出	
X0	S1	Y0	L2
		Y1	L1
X2	复位	Y2	M5
		Y3	M1
X3	启动	Y4	M2
		Y5	M3
X4	S2	Y6	M4

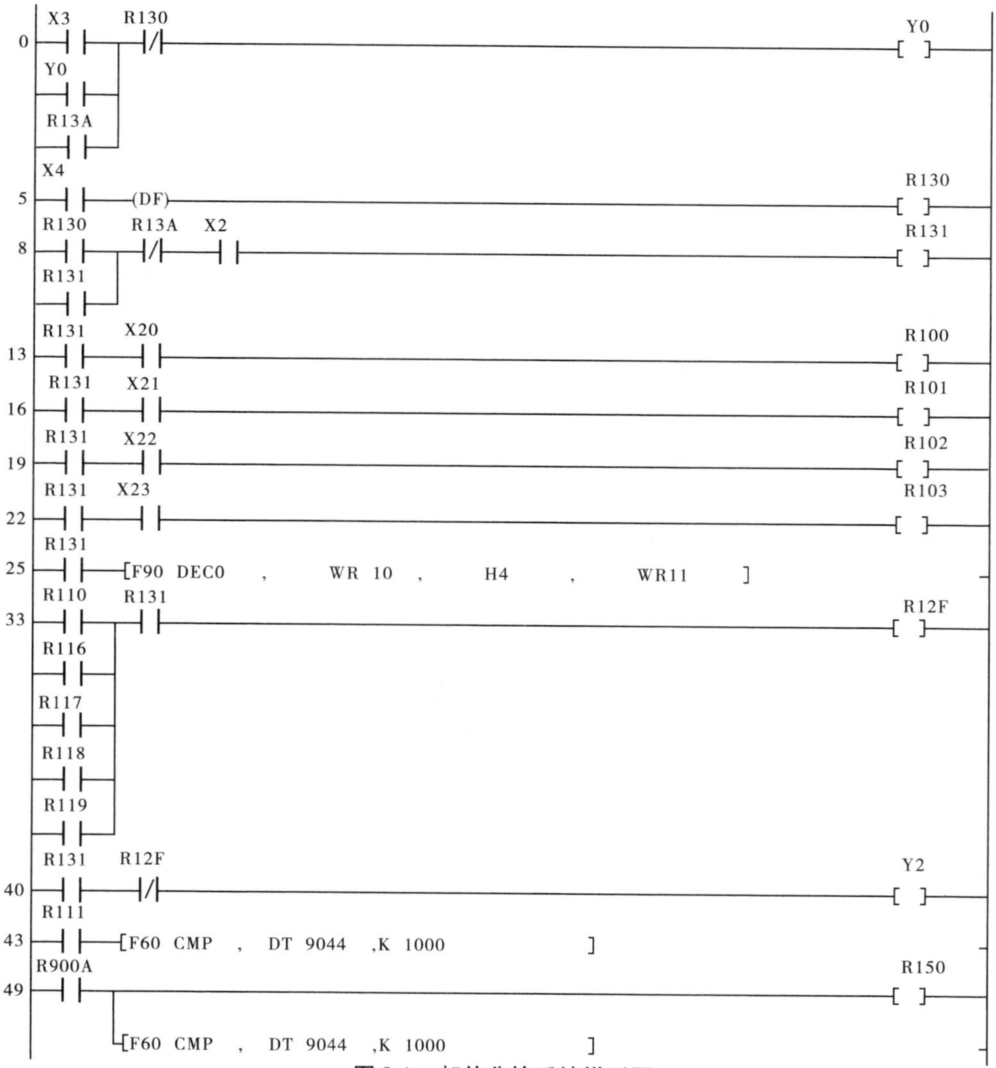

```
0   X3 ─┤├─┬─ R130 ─┤/├──────────────────────────── [Y0]
    Y0 ─┤├─┤
    R13A ─┤├─┘
5   X4 ─┤├─(DF)──────────────────────────────────── [R130]
8   R130 ─┤├─┬─ R13A ─┤/├─ X2 ─┤├──────────────────── [R131]
    R131 ─┤├─┘
13  R131 ─┤├─ X20 ─┤├────────────────────────────── [R100]
16  R131 ─┤├─ X21 ─┤├────────────────────────────── [R101]
19  R131 ─┤├─ X22 ─┤├────────────────────────────── [R102]
22  R131 ─┤├─ X23 ─┤├────────────────────────────── [R103]
25  R131 ─┤├─[F90 DECO , WR 10 , H4 , WR11 ]
33  R110 ─┤├─┬─ R131 ─┤├──────────────────────────── [R12F]
    R116 ─┤├─┤
    R117 ─┤├─┤
    R118 ─┤├─┤
    R119 ─┤├─┘
40  R131 ─┤├─ R12F ─┤/├──────────────────────────── [Y2]
43  R111 ─┤├─[F60 CMP , DT 9044 ,K 1000 ]
49  R900A ─┤├─┬───────────────────────────────────── [R150]
              └─[F60 CMP , DT 9044 ,K 1000 ]
```

图 8-1　邮件分拣系统梯形图

```
     R900C  R150                                              R140
 56 ─┤ ├────┤ ├───────────────────────────────────────────────[ ]─
     R112
 59 ─┤ ├──[F60 CMP    ,  DT 9044   ,   K 2000    ]
     R900A                                                    R151
 65 ─┤ ├──┬───────────────────────────────────────────────────[ ]─
          └[F60 CMP    ,  DT 9044   ,   K 2900    ]
     R900C  R151                                              R141
 72 ─┤ ├────┤ ├───────────────────────────────────────────────[ ]─
     R113
 75 ─┤ ├──[F60 CMP    ,  DT 9044   ,   K 3000    ]
     R900A                                                    R152
 81 ─┤ ├──┬───────────────────────────────────────────────────[ ]─
          └[F60 CMP    ,  DT 9044   ,   K 3900    ]
     R900C  R152                                              R142
 88 ─┤ ├────┤ ├───────────────────────────────────────────────[ ]─
     R114
 91 ─┤ ├──[F60 CMP    ,  DT 9044   ,   K 4000    ]
     R900A                                                    R153
 97 ─┤ ├──┬───────────────────────────────────────────────────[ ]─
          └[F60 CMP    ,  DT 9044   ,   K 4900    ]
     R900C  R153                                              R143
104 ─┤ ├────┤ ├───────────────────────────────────────────────[ ]─
     R140   R111                                              Y3
107 ─┤ ├────┤ ├───────────────────────────────────────────────[ ]─
     R141   R112                                              Y4
110 ─┤ ├────┤ ├───────────────────────────────────────────────[ ]─
     R142   R113                                              Y5
113 ─┤ ├────┤ ├───────────────────────────────────────────────[ ]─
     R143   R114                                              Y6
116 ─┤ ├────┤ ├───────────────────────────────────────────────[ ]─
     X3                                                       R13A
119 ─┤ ├──┬─(DF/)──────────────────┬──────────────────────────[ ]─
     Y3   │                        │
    ─┤ ├──┤                        │
     Y4   │                        │
    ─┤ ├──┤                        │
     Y5   │                        │
    ─┤ ├──┤                        │
     Y6   │                        │
    ─┤ ├──┘                        │
    [>        DT 9044   ,   K 5000 ]┘
     R13A
131 ─┤ ├──[F1 DMV    ,    K0    ,    DT 9044  ]
     R12F   R901C   Y0                                        Y1
139 ─┤ ├────┤ ├──┬──┤/├───────────────────────────────────────[ ]─
     R12F        │
    ─┤/├─────────┘
     X3
144 ─┤ ├──┬[F0 MV    ,   H8   ,      DT   9052   ]
     R130 │
    ─┤ ├──┘
151 ──────────────────────────────────────────────────────(  ED  )─
```

续图 8-1

把编译好的程序下载到 PLC。
④运行程序。

六、检查与评估

工作过程结束时,进行检查与评估,评估项目参照 PLC 职业标准。
评估标准见表 8-2。

表 8-2　检查评估表

项目	要求	分数	评分标准	得分
系统电气原理图设计	完整规范	10	不完整规范,每处扣 2 分	
I/O 分配表	准确完整	10	不完整,每处扣 2 分	
程序设计	简洁易读,符合题目要求	20	不正确,每处扣 5 分	
电气线路安装和连接	线路安全简洁,符合工艺要求	30	不规范,每处扣 5 分	
系统调试	系统设计达到题目要求	30	第一次调试不合格扣 10 分 第二次调试不合格扣 10 分	
时间	60 min,每超时 5 min 扣 5 分,不得超过 10 min			
安全	检查完毕通电,人为短路扣 20 分			

任务二　机械手控制

一、实验名称

机械手控制。
机械手是典型的机电一体化设备,在许多自动化生产线上都采用它来代替手工操作。

二、实验目的

(1)掌握 PLC 控制系统的配置、编程与调试的基本思路和方法。
(2)掌握构建 PLC 控制系统的方法和步骤。
(3)掌握用不同的梯形图编程方法。

三、实验设备

(1)PLC 实验装置一套。
(2)机械手控制模板一块。
(3)KJ226 按钮开关适配箱两个。
(4)连接导线若干。

四、控制要求

(1)将工件从 A 位传送到 B 位,动作方式有上升、下降、右移、左移、抓紧和放松等。

(2)机械手上装有 5 个限位开关(SQ1 ~ SQ5),用来控制对应工步的结束。

(3)传送带上设有 1 个光电开关(SQ6),用来检测工件是否到位。假设机械手的原始位置在 B 处,从 B 处到 A 处取到工件后放在 B 处,机械手放松时延迟 2 s。

五、操作分析

(1)确定 I/O 分配表,见表 8-3。

表 8-3　机械手控制 I/O 分配表

输入		输出	
启动按钮 SB1	X0	传送带 A 运行	Y0
停止按钮 SB2	X1	机械手左移驱动	Y1
抓紧限位开关 SQ1	X2	机械手右移驱动	Y2
左限位开关 SQ2	X3	机械手上升驱动	Y3
右限位开关 SQ3	X4	机械手下降驱动	Y4
上限位开关 SQ4	X5	机械手抓紧驱动	Y5
下限位开关 SQ5	X6	机械手放松驱动	Y6
光电开关 SQ6	X7		

(2)进行程序编写。

方法 1:利用步进指令。

利用步进指令,将机械手整个操作分解成九个过程,画出其控制流程图,如图 8-2 所示,并注意到在一个工作周期中,有两次上升过程和两次下降过程,编写的 PLC 程序如图 8-3 所示。

方法 2:利用状态继电器。

设置 9 个状态继电器,设计梯形图如图 8-3 所示。

方法 3:利用移位寄存器。

由于移位寄存器具有保持顺序状态和通过相关继电器触头去控制输出的能力,因而在某些控制问题中,采用移位寄存器比采用“与”“或”“非”构成的等效逻辑网要简单得多。

这种设计方法主要是利用移位寄存器作为控制系统的状态转换控制器,从分析控制的输入信号状态入手,得到系统的状态转换图,这是设计控制程序的关键。

本实验中,利用 PLC 的内部继电器 R0 来记忆系统的工作状态,R1 作为移位脉冲,通过赋值指令设置机械手的初始状态,WR1 的第 0 位到第 8 位(R10 ~ R18)代表各工步的状态,用定时器 T0 来实现放置物品延时 2 s 的控制。

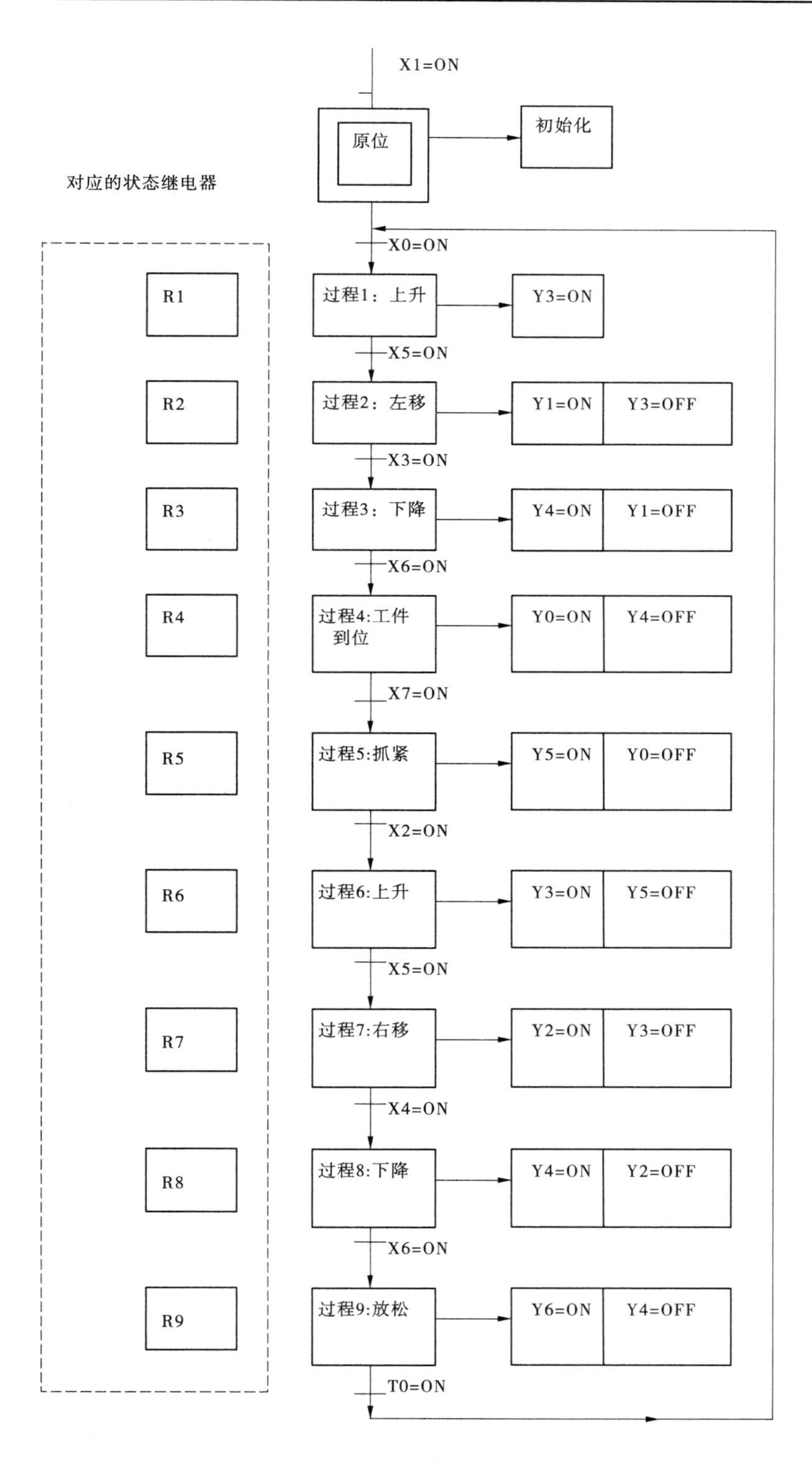

图 8-2 方法 1 控制流程图

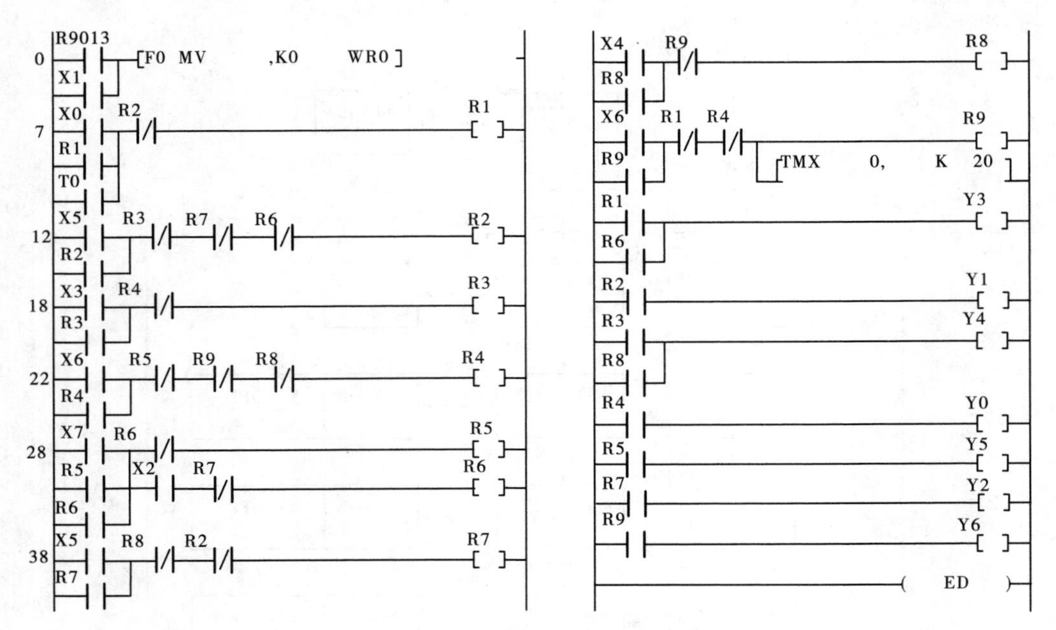

图 8-3 方法 2 梯形图

使用位移寄存器进行 PLC 程序设计,其具体设置方法如下:

位数设置:位移寄存器的位数应设置成比状态转换表或状态流程图中的状态多 1 位(如本例共有 9 个状态,除设置对应的 9 个状态继电器的位数 R10 ~ R18 外,还多了一位即 R19),从移位寄存器的首位到倒数第 2 位,依次分别与状态流程图的各状态对应。移位寄存器的每一位成为与之对应的状态特征继电器。

复位信号:移位寄存器的复位信号由移位寄存器的最末位担任(在本例中为 R19)。

移位信号:移位寄存器的移位信号由所用的有效状态转换信号并联而成。有效状态转换信号则由 R10 ~ R18 的常开触点及各状态之后的状态转换信号 X5 ~ T0 串联组成。

在本例中,位移信号是 R10 ~ R18,但 R1 是由 9 个有效状态转换信号并联而成的。而这 9 个状态转换信号则由 R10 ~ R18 的常开触点及各状态之后的状态转换信号 X5 ~ T0 串联组成。

数据输入信号:每个工作循环中,只能有 1 个状态继电器接通,因此位移寄存器的数据输入端在一个工作周期只能有 1 个输入脉冲。这个“1”在位移脉冲作用下依次从首位向末位移动。因此,可以用从状态“0”到最后状态的所有状态继电器的常闭触点串联,作为位移寄存器的数据输入信号,但最简单的是用 R9011 常开继电器作数据输入信号。

利用位移寄存器编写的 PLC 程序见图 8-4。位移寄存器的工作情况如下:

①当 PLC 启动时,各状态继电器均未启动。

②当按下启动按钮发出工作循环启动信号后,移位寄存器的首位置“1”。

③在移位信号 R1 触发移位后,首位的数据“1”移动到第 2 位。

④直至一个工作周期结束,由于数据输入信号 R9011 一直为“0”,因此一个工作循环中总是只有一个状态继电器为“1”。

⑤当最后一个状态继电器 R19 启动时,移位寄存器末位状态为“1”,使移位寄存器复

位，即让所有状态继电器全部复位。

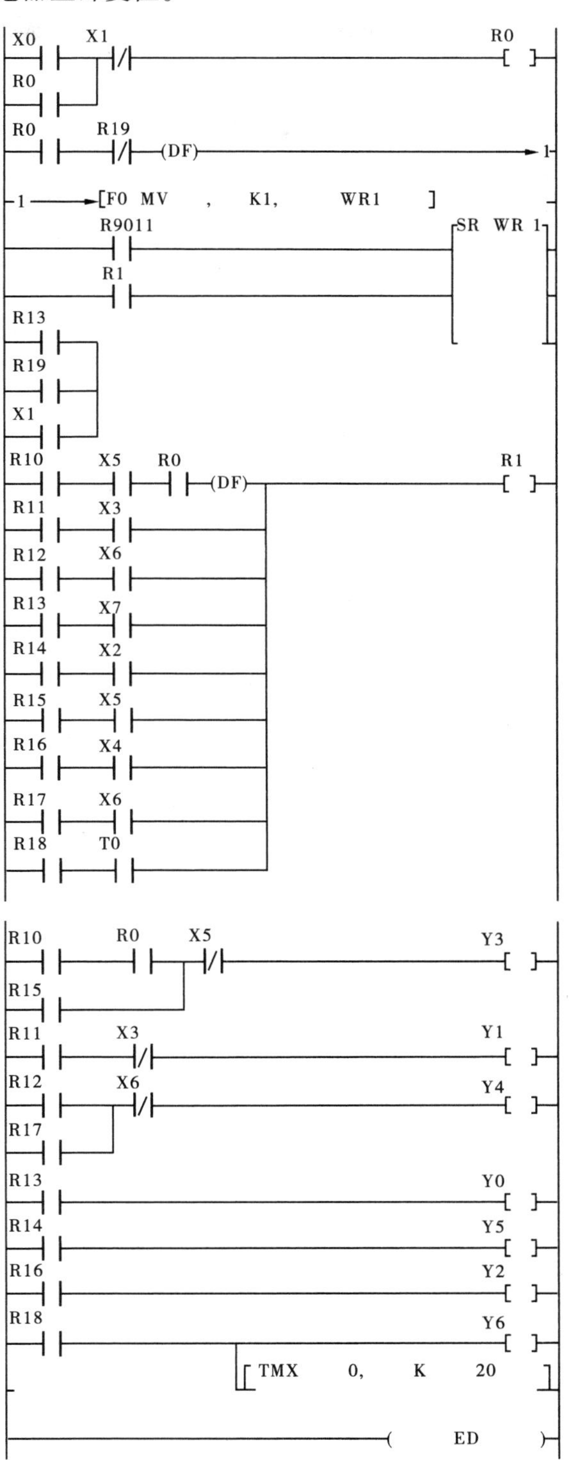

图 8-4　方法 3 梯形图

⑥传送指令允许移位寄存器首位置“1”，重新准备下一个工作循环的开始，如此构成一个 PLC 控制系统。

编写并编译程序后，下载程序，然后运行程序。

六、检查与评估

工作过程结束时，进行检查与评估，评估项目参照 PLC 职业标准。

评估标准见表 8-4。

表 8-4　检查评估表

项目	要求	分数	评分标准	得分
系统电气子原理图设计	完整规范	10	不完整规范，每处扣 2 分	
I/O 分配表	准确完整	10	不完整，每处扣 2 分	
程序设计	简洁易读，符合题目要求	20	不正确，每处扣 5 分	
电气线路安装和连接	线路安全简洁，符合工艺要求	30	不规范，每处扣 5 分	
系统调试	系统设计达到题目要求	30	第一次调试不合格扣 10 分 第二次调试不合格扣 10 分	
时间	60 min，每超时 5 min 扣 5 分，不得超过 10 min			
安全	检查完毕通电，人为短路扣 20 分			

七、思考与讨论

(1)对三种常见的设计方法进行比较，讨论其优点及缺点。

(2)试用不同的方法进行编程。

■ 任务三　电梯控制

一、实验名称

电梯控制。

二、实验目的

(1)掌握 PLC 控制系统的配置、编程与调试的基本思路和方法。

(2)掌握构建 PLC 控制系统的方法和步骤。

(3)掌握用不同的梯形图编程方法。

三、实验设备

(1)PLC 实验装置一套。

(2)电梯控制模板一块。
(3)KJ226 按钮开关适配箱两个。
(4)连接导线若干。

四、控制要求

(1)当轿厢停于 1 层、2 层或者 3 层时,按 PB4 按钮呼梯,则轿厢上升至 LS4 停。
(2)当轿厢停于 4 层、3 层或者 2 层时,按 PB1 按钮呼梯,则轿厢下降至 LS1 停;
(3)当轿厢停于 1 层时,若按 PB2 按钮呼梯,则轿厢上升至 LS2 停;若按 PB3 按钮呼梯,则轿厢上升至 LS3 停。
(4)当轿厢停于 4 层时,若按 PB3 按钮呼梯,则轿厢下降至 LS3 停;若按 PB2 按钮呼梯,则厢箱下降至 LS2 停。
(5)当轿厢停于 1 层,而 PB2、PB3、PB4 按钮均有人呼梯时,轿厢上升至 LS2,暂停后继续上升至 LS3,再暂停后,继续上升至 LS4 停。
(6)当轿厢停于 4 层,而 PB1、PB2、PB3 按钮均有人呼梯时,轿厢下降至 LS3,暂停后继续下降至 LS2,再暂停后,继续下降至 LS1 停。
(7)轿厢在楼梯间运行时间超过 12 s,电梯停止运行。
(8)在轿厢上升(或下降)途中,任何反方向下降(或上升)的按钮呼梯均无效。
(9)楼层显示灯亮表示该楼层有请求信号,灯灭表示该楼层请求信号消除。
(10)上升指示灯△亮表示电梯上升;下降指示灯▽亮表示电梯下降。

五、操作分析

(1)确定 I/O 分配表,见表 8-5。

表 8-5　电梯控制 I/O 分配表

输入		输出	
呼梯按钮 PB4	X0	上升指示灯△	Y0
呼梯按钮 PB3	X1	下降指示灯▽	Y1
呼梯按钮 PB2	X2	1 层指示灯	Y2
呼梯按钮 PB1	X3	2 层指示灯	Y3
平层信号 LS4	X4	3 层指示灯	Y4
平层信号 LS3	X5	4 层指示灯	Y5
平层信号 LS2	X6		
平层信号 LS1	X7		

(2)进行程序编写。
在编程软件环境中,编写梯形图,如图 8-5 所示。

XMCG

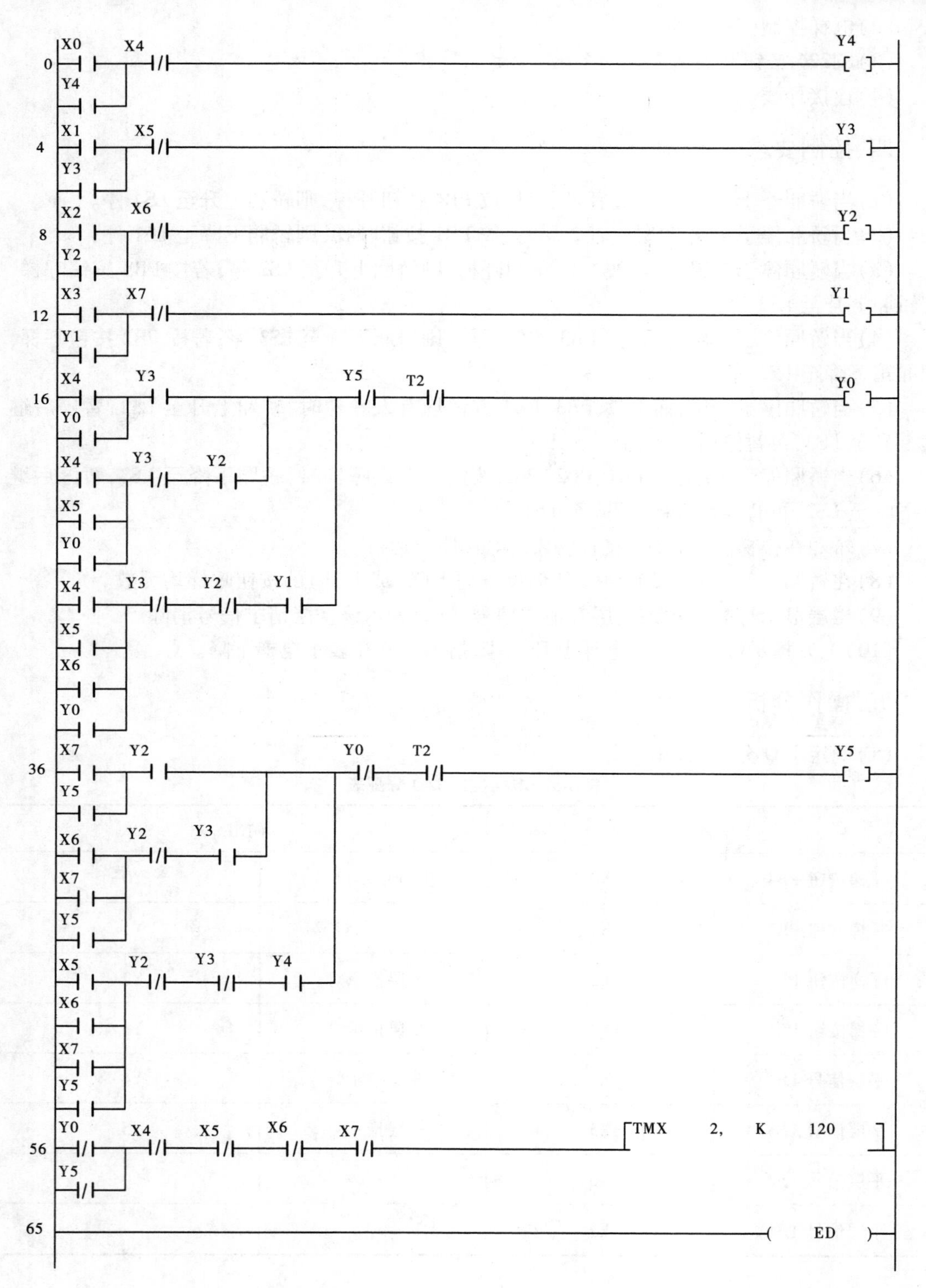
X0
X4
Y4
0
Y4
X1
X5
Y3
4
Y3
X2
X6
Y2
8
Y2
X3
X7
Y1
12
Y1
X4
Y3
Y5
T2
Y0
16
Y0
X4
Y3
Y2
X5
Y0
X4
Y3
Y2
Y1
X5
X6
Y0
X7
Y2
Y0
T2
Y5
36
Y5
X6
Y2
Y3
X7
Y5
X5
Y2
Y3
Y4
X6
X7
Y5
Y0
X4
X5
X6
X7
TMX 2, K 120
56
Y5
65
ED

图 8-5 电梯控制梯形图

①编写程序。
②编译程序。
③下载程序。把编译好的程序下载到 PLC。
④运行程序。

六、检查与评估

工作过程结束时,进行检查与评估,评估项目参照 PLC 职业标准。
评估标准见表 8-6。

表 8-6 检查评估表

项目	要求	分数	评分标准	得分
系统电气原理图设计	完整规范	10	不完整规范,每处扣 2 分	
I/O 分配表	准确完整	10	不完整,每处扣 2 分	
程序设计	简洁易读,符合题目要求	20	不正确,每处扣 5 分	
电气线路安装和连接	线路安全简洁,符合工艺要求	30	不规范,每处扣 5 分	
系统调试	系统设计达到题目要求	30	第一次调试不合格扣 10 分 第二次调试不合格扣 10 分	
时间	60 min,每超时 5 min 扣 5 分,不得超过 10 min			
安全	检查完毕通电,人为短路扣 20 分			

参 考 文 献

[1] 陈其纯. 可编程序控制器应用技术[M]. 北京:高等教育出版社,2000.
[2] 汪晓光,孙晓瑛,等. 可编程控制器原理及应用(上册)[M]. 2 版. 北京:机械工业出版社,2005.
[3] 张桂香. 电气控制与 PLC 应用[M]. 2 版. 北京:化学工业出版社,2006.